U0346927

通俗天文学

（权威增补本）

【美】西蒙·纽康 ◎著　　刘 娟 ◎译

江苏凤凰科学技术出版社

图书在版编目（CIP）数据

通俗天文学：权威增补本 /（美）纽康著；刘娟译
. -- 南京：江苏凤凰科学技术出版社，2015.12
ISBN 978-7-5537-5301-0

Ⅰ.①通⋯　Ⅱ.①纽⋯　②刘⋯　Ⅲ.①天文学—普及
读物　Ⅳ.①P1-49

中国版本图书馆CIP数据核字（2015）第216887号

通俗天文学（权威增补本）

著　　　者	[美]西蒙·纽康	
译　　　者	刘　娟	
责 任 编 辑	张远文	葛　昀
责 任 监 制	曹叶平	周雅婷

出 版 发 行	凤凰出版传媒股份有限公司
	江苏凤凰科学技术出版社
出版社地址	南京市湖南路 1 号 A 楼，邮编：210009
出版社网址	http://www.pspress.cn
经　　　销	凤凰出版传媒股份有限公司
印　　　刷	北京中振源印务有限公司

开　　　本	787mm × 1092mm　1/16
印　　　张	13.25
字　　　数	150千字
版　　　次	2015年12月第1版
印　　　次	2015年12月第1次印刷

标 准 书 号	ISBN 978-7-5537-5301-0
定　　　价	26.00元

天文学是一门古老神秘的科学，也是极具趣味性的科学，自有人类文明以来，天文学就具有重要的地位。但由于天文学知识的晦涩难懂，这门科学在很长时间以来并未得到大众化的普及。《通俗天文学》（*Astronomy for Everybody*）的出现，大大地促进了这门科学的普及。

《通俗天文学》是被《大英百科全书》誉为"那个时代最显赫的天文学家之一"的西蒙·纽康最为经典的著作，自出版以来，被翻译成多国语言，深受读者推崇。

西蒙·纽康1835年3月10日生于加拿大的新斯科舍省，1909年7月11日卒于美国华盛顿哥伦比亚特区，曾被美国总统林肯委任为美国海军的数学教授。在政府担任如此重要的职务的同时，纽康教授著作颇丰、涉猎广泛，书籍与论文题目就达541种之多，而所论及的范围异常复杂，其中包括他所精通的财政学，甚至还有小说。当然，西蒙·纽康教授还每天坚持长时间的散步，并想到了用通俗易懂的语言来陈述天文学知识。可以说，西蒙·纽康教授对学问的研究精神与对生活的热情都是值得后人学习的，他对时间的巧妙安排与个人精力的保持也颇受人们关注，曾一度被认为是"传奇人物"，也是个"能深入浅出地把学问做活了的明白人"。这一点，在《通俗天文学》这本书中可见一斑。当然，这本书也使他在天文界享有崇高的地位。

西蒙·纽康早在24岁时已敢于挑战当时研究小行星来历的天文学家的权威，并成功计算出小行星的轨道。而从1868年起，他已经在进行月球运动理论的相关研究，一直到晚年——这也是他最受关注的成就之一。研究期间，西蒙·纽康在美国海军天文台进行了16年的天文观测，之后又主持美国星历表和航海历书的编纂工作，他对海军天文台和里克天文台望远镜的建立，以及俄国天文台的望远镜玻璃的制造十分关心。可以说，西蒙·纽康的一生，在天文研究方面的经验相当丰富，贡献巨大。而他极尽毕生研究成果著成的《通俗天文学》一书，更是对后人普及天文学知识具有十分重要的意义。

《通俗天文学》，顾名思义，也就是人人都能读懂的天文学——这大概也是作者创作本书的初衷。所以译者在翻译本书时尽量避免生僻、晦涩的概念，而是选用大众化的词句来对其进行解释，以带给读者朋友一种亲切的阅读体验。在尊重原著，既保持原著的严谨，不破坏原著的结构的同时，又尽量注入现在新发现的天文学知识，译者沿用了初版图书中的插图与图解，又将新近的一些发现和数据通过注释的形式呈现给读者。另外，为满足当下读者对天文学知识的需求，译者在本书最末一篇也适当地增补了书中未涉及的一些内容。

希望读者能从本书中体会到学习天文学知识的乐趣，也希望这部作品能对普及天文学知识起到一定的作用。

刘 娟

2015年8月

目 录

第一篇

天体运行

第一章　我们的星系 / 2

第二章　周日视运动 / 6

第三章　经度与时间 / 13

第四章　如何确定天体的位置 / 17

第五章　地球公转及其影响 / 21

第二篇

望远镜及天文摄影

第一章　望远镜的类型 / 32

第二章　天文摄影 / 44

第三篇

太阳系的行星及相关知识

第一章　太阳系概述 / 48

第二章　太阳 / 55

第三章　地球 / 63

第四章　月球 / 68

第五章　月食和日食 / 76

第六章　水星 / 83

第七章　金星 / 88

第八章　火星 / 92

第九章　小行星群 / 97

第十章　木星 / 102

第十一章　土星 / 107

第十二章　天王星 / 114

第十三章　海王星 / 116

第十四章　如何测量天上距离 / 119

第十五章　行星的引力与质量 / 123

第四篇

彗星与流星

第一章　彗星 / 128

第二章　流星 / 138

第五篇

恒星与星云

第一章　恒星 / 144

第二章　星云 / 175

附　篇

增补知识

第一章　天文观测器材 / 180

第二章　宇宙大爆炸 / 185

第三章　银河系 / 187

第四章　恒星的演化 / 189

第五章　黑洞 / 192

第六章　暗物质 / 195

第七章　矮行星 / 197

第八章　神秘的UFO / 199

第九章　虫洞 / 201

通俗天文学

第一篇
天体运行

第一章

·我们的星系·

　　若想对我们的生存环境有所了解，那不如在探讨主题之前先试着将其快速地游览一番。尽量试想这样一个场景，我们是站在地球的最外层以外的某个位置来观察它的，而这个位置离地球的距离或许只有引用"光"这一概念才能准确地描述。光的速度大约是30万千米/秒，也就是说，光1秒内可绕地球7圈半。这样说来，我们在地面上看到的来自所选的观察位置的光是100万年前发出来的。在观察位置，我们仿佛置身于无边无际的黑暗之中，将我们团团围住的是看不见星辰的天空。然而，有个方向的天空却散发出一大片既像是微云，又像是黎明前的曙光的微弱光亮。其他的方向也依稀可见到类似的光亮，但我们暂且先不理会它。之前提到的那片光亮其实就是我们的星系，它正是我们的研究对象。接下来我们朝它飞去，当然，飞行的速度自然得快，得用比光还快100万倍的速度，才能确保我们在1年内到达。然而，这终究只是一种假设，毕竟没有任何事物的速度能比光快。随着我们的不断靠近，它也逐渐在暗黑的天幕里蔓延开来，最后将几乎一半的天空都覆盖了，而我们身后的那一半天空仍旧是一片黑暗。

　　到达这里之前，我们可以看见颗颗珍珠样的光点从这片迷人的光雾中幻化出来，散落在各处，闪烁着光芒。在飞行过程中，越来越多的光点向我们扑来，之后又迅速消失在我们身后的天空，此时许多新的光点又如期而至，就像坐火车时看到窗外不断后退的风景和建筑。当我们置身于这片光点中时，就会发现它们正是我们仰望星空时所见到的散落在天幕上的星辰。如果我们继续以设想的超光速穿过这片光云，便会失望地发现这之外除了五颜六色和各种形状的光雾、光云散落空中，别的什么也没有。

在穿过这片五彩的光云之前，我们先放慢速度，选择一颗星来仔细研究。所选的这颗星不算大，但随着我们的逐渐靠近，它也变得越来越明亮。不一会儿，它便像远处的烛光那么亮了；接着，它的亮度足以照出影子；再后来，我们能借着它的光阅读了；最后，它光芒万丈，热力四射，看起来简直就像是个小太阳，没错，它正是我们的太阳！

我们再选择一处看似是在太阳附近，实则已与太阳相距几十亿千米的地方来观察。仔细观察后不难发现，在太阳周围有8颗星状的光点，它们各自到太阳的距离也不同。经过一番长时间的观察后，我们还可以发现，它们有一个共同点——都在绕着太阳运行，但运行一周所花的时间却又不尽相同，有的3个月就能绕一周，有的却要165年。它们中最远的一颗到太阳的距离是最近的一颗的80倍。

这些星状的光点都是行星，若我们观察得够仔细，便能看出它们都是黑暗物体，所发出的光也全是来自太阳，这也正是它们区别于恒星的地方。

我们以太阳为中心，由近及远，选择其中的第三颗来拜访。我们从它的上方逐渐向它靠近，映入我们眼帘的光也随之越来越强烈。在离它很近的位置时，我们眼中的它犹如一半被黑暗吞噬，一半被光明照耀的月球。再靠近点，被照耀那一半逐渐清晰起来，可见上面有许多斑点。接着那些斑点也清晰起来，原来是海洋和大陆，而其中差不多一半因云雾的遮挡而不可见其表面。被黑暗吞噬的那一半上却零星散落着一些光点，仿佛钻石散发出的耀眼光芒。这些光点是我们人类城市里的灯光。在我们眼前的这块表面不断伸展开，直至将更大范围的天空遮住，最后我们意识到这正是我们的全世界。我们降落在上面，此刻，我们又回到了地球上。

正如刚才这般，我们在空中飞行时肉眼无论如何都不可能见到的一点，却随着我们与太阳距离的不断缩小而呈现成一颗星，接着成一个不透明的球体，现在则是我们生存的地球。

从这次的想象飞行之旅我们可以得出一个重要的结论——太阳不过是天空多如牛毛的星星中的一颗，而群星之中比太阳发出的光和热要高出几千几万倍的也是多不胜数，所以和它们比起来，太阳显得那么渺小。若以它们内在的固定价值作为评定标准，太阳更是不值一提，远不如其他群星。它在我们眼中之所以重要和伟大，全凭我们和它之间的特殊关系。

前面是对我们的星系所作的大致描述。正如我们在刚才的想象飞行之旅后半段所看到的那样，我们在地面上仰望星空所看到的星辰正是我们在飞行之旅中见到的。我们在地面观察到的星空与我们置身于群星间所看到的星空的最主要的区别在于太阳和行星的地位具有优越性。在白昼，太阳的光芒将天上的星辰都遮掩得严严实实。其实星辰不分昼夜地在空中运行，不过，这现象得等到我们有能力将太阳的光芒剥去时才能见到。我们的各个方向都遍布着这些星辰。

一如其他大部分星系那样，我们所在的星系也是由一颗巨大的主星和环绕着它的无数群星组成的。以太阳为中心的这个星群我们称之为太阳系。与群星之间难以置信的距离比起来，它的范围可谓是微不足道，这是我最想让读者记住的关于太阳系的一大特点。太阳系四周是空洞而辽远的巨大空间，即便我们能横穿太阳系，眼前的星星也绝不会因此而显得离我们更近些。我们在太阳系边缘所见到的星座与在地球上所见到的并无两样。

　　我更乐意读者朋友跟随我的描述进行想象，从而更好地理解我们与宇宙的关系，而非用一大串令人惊诧的数字来作论述。首先想象出我们浩淼宇宙的模型，然后将地球想象成一粒芥子。如此推算下去，月球不过是一粒微尘，只有芥子直径的1/4大，距离地球2.5厘米。而我们可以用一个大苹果来表示太阳，与地球相距12米。其他行星大小各异，最小的犹如一粒看不见的微尘，最大的仿佛一粒豌豆，与太阳的平均距离大约在4.5～360米。接下来我们想象这些小不点都围着大苹果在慢慢地绕圈，而各自绕一圈所花的时间也不同，3个月到165年不等。我们已经知道地球绕太阳一周需要一年的时间，而月球也是伴着地球公转在运行的，一个月时间便绕地球一周。

　　照这样计算，不到2.6平方千米的面积便可将整个太阳系容纳在内，即使是到全美洲范围以外的地方，我们除了看到它边界上偶尔散落着的彗星，几乎什么也看不到。要在离美洲边界很远的地方，我们才能遇上一颗像我们的太阳一样大的星，它是离太阳系最近的一颗星。在更远的地方，就会看到各个方向都散落着一些星星，它们之间的距离就如同太阳与最邻近它的星的距离。依照我们模型的比例，地球的面积只够容纳两三颗星。

　　综上所述，在宇宙飞行过程中，如同我们刚才所想象的一样，像地球这种不起眼的小东西肯定是会被人们忽略的，就算是刻意仔细寻找也未必能找到。这就好比我们飞行于密西西比河的上空，却妄想能看到下面的一粒芥子。若不是那么幸运飞得离代表太阳的大苹果很近，它甚至也会被我们忽视掉。

第二章

·周日视运动·

　　星辰间的距离是那么遥远，若想对宇宙的大小有更宏观的认识，只凭肉眼的观测是绝不可能实现的，而我们与这些星辰的实际距离更是无法推断出来。若是我们与星辰之间的距离以及恒星和行星表面的状貌都能在一眼之间全被我们掌控，那人类早在开始研究宇宙时便可对其真实面貌了如指掌。不难想象，如果我们有能力到地球直径的100万倍以外的地方去的话，那它在我们眼中也如同其他群星一般，不过是一个小点，在太阳的照射下闪烁。遗憾的是我们的先辈未曾有这样的认识，所以他们才认为地球是完全不同于其他群星的天体。就算是在今天，我们仰望星空的时候，对于有的恒星竟在某些行星千百万倍远之外的远方也是难以置信的。在我们看来，它们仿佛悬挂在同一片天空，各自到我们的距离是相等的。唯有透过逻辑和数学的理性光辉，我们才能准确掌握它们的分布位置和距离。

　　若想在脑海里构思出一幅关于群星之间的真实画面会显得十分困难，因为实际与想象之间存在巨大差异。因此，亲爱的读者，你们得全神贯注地看我如何用最简单的方法来理清这些纷繁复杂的关系，成功地将实际情形与所见情形相结合。

　　现在我们来想象以下情景：我们脚下的地球已被撤离，而我们正悬于天空。此时，我们眼前除了这些来自上下左右各个方向的将我们环绕的天体外，没有其他事物，当然，太阳、月球、行星、恒星皆在眼前。一如前面所解释的那般，所有这些天体在我们看来到我们的距离是相等的。

以一个点为中心，那么从该点向各个方向引出的相同距离的许多的点，必定是在同一球面上的。依照我们刚才想象的情景，众天体也必定是位于同一球面的，而我们正好处于球心的位置。研究天体的方位是天文学最终的目的之一，那呈现在我们眼前的大球在天文学看来似乎确有其事，这就是"天球"。依照我们所想象的情形，脚下的地球一旦被抽离，那么天球上的所有天体便会立刻静止不动。一天又一天，一星期又一星期，那些恒星依然丝毫未动。然而，假如我们对那些行星观察够仔细的话，就会发现在几天或几星期（视各自情况而定）之中，它们是绕着太阳慢慢运行的，但这并非那么轻易就能发现的。猜想这个天球是由何种坚固的水晶体构成的，其他天体则被牢牢钉在它的内部表面上，这也许是我们看到它时的第一反应。我们的先辈也曾这样假想过，并将其完善得更接近真实情形。在他们的假想中，用许多相互嵌套在一起的球形来代表天体间的不同距离。

记住这一假想后，我们将地球再次放回到我们脚下。又到了考验读者想象力的时候了：地球与天空比起来，不过是一粒微尘；但假如我们把它放于恰当的位置，那我们眼中的宇宙将被它遮住一半，就像一只爬在苹果上面的小虫眼中的房间会被苹果遮住一半。这样一来，一半天球在地平线上，另一半在地平线下，在地平线上的能被看见的叫做"可见半球"，另一半不能被看见的叫做"不可见半球"。不过，我们可以环游地球去看它的另一半。

清楚以上情形后，还劳烦读者集中注意力继续跟随我们前进。地球并非静止的这一点我们都清楚，它时刻都在以通过地心的一根轴为中心旋转。这样一来，整个天球看起来就像是在朝与地球相反的方向旋转。地球自西向东旋转，因而天球看起来便像是自东向西旋转。这种因地球自转而引起的一日一周的星辰的视运动称为"周日视运动"。

解释地球自转这一简单概念和星辰的周日视运动所表现的较复杂的现象之间的关系，是我们接下来要做的事情。星辰的周日视运动依据地球上的观察者所处的纬度位置不同而有所变化。我们先来谈谈在北纬中部看到的现象。

我们可以想象用一个中空的大球来表示天球。想象不花钱，我们想让它多大都行，但直径大约10米就够了。如图1-1所示，假设它表示的是大球的内部，P和Q是转轴的两点，而大球正是被钉于这两点之上才能倾斜地旋转。以O为中心形成了一个NS平面，而我们正好处于这个平面之上。星辰布满整个大球的内表面，但因大球的下半部分被平面遮挡了而无法看见。这个平面代表的正是我们的地平线。

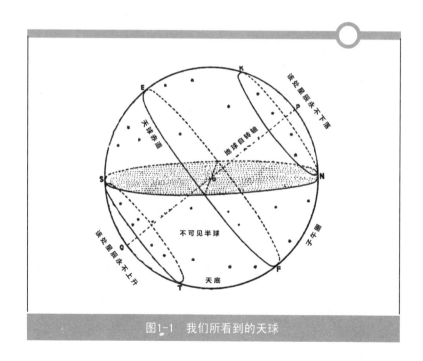

图1-1　我们所看到的天球

现在我们让大球沿转轴旋转，那接下来会发生什么呢？我们可以看到转轴P点周围的星辰也随着大球的旋转而绕P点旋转。KN圈上的星辰在转到N点时会与平面的边发生摩擦。依据离P点的远近，KN和EF两圈之间的某些星辰会旋转到平面的下方。EF圈上的星辰正好位于PQ的中间，因此，它们一半在平面上方，一半在下方。然而，ST圈内的星辰永远旋转不到平面上方，所以我们永远也无法见到它们。

我们看到的天球除了比这个球大无数倍外，和它无异。在我们眼中，天球也是以空中的某一点为中心不停旋转的，大约一天转一周，太阳、月球、星辰也陪同它旋转。星辰似乎都是钉牢在天球上的，所以它们的位置看起来是固定不变的。换言之，我们在夜晚任何时刻拍的一张星空图，若我们能将它放在准确的方位上，那它肯定和其他时刻的星空图是完全一样的。

转轴的P点被称作"天球北极"。在这些北纬中部的居民看来，它正好位于北天顶和北地平线的中央。越往南走，北极便离地平线越近，它到地平线的高度正巧是观察者所在的纬度。在北极近旁有一颗星，我们称为北极星，在后面我们会讲寻找它的相关方法。我们平常观测时会发现北极星的位置几乎不曾变过，实际上它与北极的距离只有1°多一点，我们暂且不去理会这细微的差别。

与天球北极相对的是"天球南极"，它位于地平线之下，到地平线的距离和北极相同。

显而易见，我们在自己的纬度上看到的周日视运动是倾斜的。当太阳从东方升起时，它看上去是向南倾斜，以与地平线呈锐角的方向升起的，而不是沿地平线垂直升起。因而当它西沉的时候，也同样是以倾斜于地平线的方向落下。

现在我们想象出一个大得能与天界相接的圆规。我们将圆规的一只脚固定在天球北极，而另一只脚与北极下方的地平线相接，并用这只脚在天球上画一个大圆圈。这个大圆圈的下半部分刚好与地平相切，而它的上半部分以我们北纬地区的角度看来，最高点几乎与天顶相接。这个大圆圈里的星辰永远也不会降落，看起来就像是每天绕着北极转一周。所以，这个大圆圈叫做"恒显圈"。

大圆圈以南的星辰则是有升有落，越向南的星辰每天在地平线上的时间就越少，而最南方的一点上的星辰，则刚一露出地平线便又沉没了下去。

一如恒显圈以天球北极为中心一样，在天球的另一端，也有一个以南极为中心的"恒隐圈"，而最南端的星辰都在这个恒隐圈内，所以在我们的纬度上看来，它们根本就没有升起过。

如图1-2所示，这是在北方看见的恒显圈内的主要星座。若想看到某月夜晚8时左右的星座，我们只需将那月转到顶上来。寻找北极星的方法在图1-2中也有所标注，即大熊星座7颗星中的2颗"指极星"延长线所指的方向便是北极。

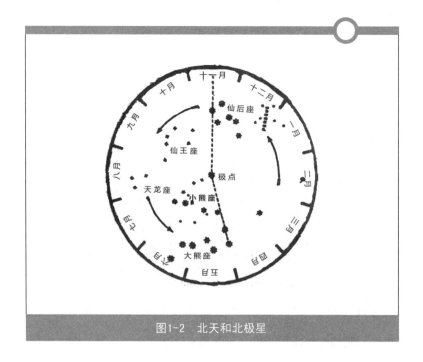

图1-2　北天和北极星

现在我们调整一下我们的纬度，试试将有什么不同。若我们朝着赤道进发，那我们的地平线也就不再是原来的方向，并且随着我们的前进，北极星也逐渐下沉。我们越接近赤道，它也越接近地平线，当我们到达赤道时，它也沉到了地平线上。变化的还有恒显圈，它越来越小，而我们到达赤道时，它也消失不见了，南北方向地平线上只剩下两极。周日视运动在那里是完全不同的呈现。太阳、月球、星辰在升起时是一直向上的。从正东方升起的星辰必定经过天顶，从偏南方升起的星辰一定经过南边的天顶，而从偏北方升起的星辰也肯定经过北边的天顶。

我们一路向南到达南半球，虽然看到太阳依旧从东方升起，但几乎是经天顶的北边横过中天。南半球较之北半球的最大区别在于，由于太阳在天顶的北面过中天，所以视运动方向与钟表时针的方向相反。在南纬中部，我们会发现南方出现了新的星座，而一向为我们所熟悉的北天星座却永远隐没在地平线下。有的南天星座相当美观，南十字座就是其中的代表。我们时常有种感觉，南天的星辰比北天多，且更加美丽，其实经证实，这是一种错觉。经过一系列仔细的研究和计算，我们得出了"南天和北天的星辰数是相当的"这一结论。我们之所以会产生以上错觉，有可能是因为南天更加晴朗所致。南非洲和南美洲气候比较干燥，也许这是造成那里空气中的烟雾比我们北半球少的原因。

我们之前提到的北天星辰的周日视运动对南天也同样适用。由于南天没有南极星，所以我们无法找到天球南极。南极周围有一些小星辰，但并不见得比天空其他地方更密集。南半球当然也有恒显圈，我们离南极越近，圈也越大。也就是说，在南极附近有一个圆圈内的星辰以与北天相反的方向一直绕着南极旋转，永不下落。那么自然还有个恒隐圈，里面包含的是在我们的纬度上看来永不下落的北极附近的星辰。

　　我们一越过南纬20°，小熊星座便在我们眼前消失得无影无踪。再向南走，也就只能看见大熊星座还露在地平线上的一部分。假如我们继续朝南极走去，便看不到星辰升落了。这里的星辰犹如北极的一般，都平行地绕着天上的一点旋转，当然，天顶便是中心南极。

第三章

·经度与时间·

正如我们所知道的那样，子午圈是指一条从北至南经过某地的线。确切说来，北极到南极之间所作的半圆便是地球表面的子午圈。这是一种以北极为中心，可以向各个方向引出，散开到任何地方的半圆。当今国际公认的经度的计算起点是以格林威治皇家天文台的子午圈为标准的，它也是欧美大部分钟表时间的参照标准。

天上子午圈①是与地上子午圈相对的一个概念。它从天球的北极引出，经过天顶，与地平线相交于最南的一点，最后到达南极。由于地球是绕着地轴旋转的，所以地上子午圈和天上子午圈便随着它一并旋转，天上子午圈一天之中会经过整个地球。然而，我们看到的却是一天之中天球上的每一点都要从子午圈经过。

太阳正是在中午时分经过子午圈。还未出现现代计时工具时，人们都是以太阳作为时间的参照。但黄道的倾斜角与地球绕日轨道的偏心率使得太阳每次经过同一子午圈的时间并不完全相同。假如以钟表的时间为参照，那么太阳有时在正午12点以前经过子午圈，有时又在12点以后。明白这个道理之后，便能

---

① 天上子午圈：地上子午圈在天球上的投影。——译者注

很轻易地区分视时与平时。根据太阳而定的每天长短不等的时间称为视时，而依据钟表定的每天长短完全相同的时间称为平时，二者之间的差别称为时差。每年的11月上旬和2月中旬是它们相差最大的时候。11月上旬，太阳在11点44分经过子午圈，而2月中旬，则在12点14分经过子午圈。

天文学家利用想象出的平太阳这一概念来确定平时。永远绕天球赤道运行的平太阳每次经过同一子午圈的时间都是相同的，所以有时在真太阳之前到达，有时又在之后。利用这个平太阳就能确定每天的时间。假如不考虑真实情形，只依照所看到的景象来描述或许更易理解。我们将地球想象成静止不动的，平太阳绕着地球运行，依次经过每条子午圈，那我们便会看到"中午"永远在环绕世界旅行。它的速度在我们的纬度上大约是300米/秒，这样算来，若我们所在的地方恰巧是中午，那向西300米的地方在1秒钟后便会迎来中午，每一秒钟便向西移300米，如此类推，24小时后我们又将迎来中午。由此可以得知，位于不同子午圈上的两个人处在相同的时间是绝不可能发生的事。若我们向西行，便会发觉我们的钟表时间比当地时间快了，而向东行时，我们的钟表时间又比当地时间慢了。这种不同地方的时间就是"地方时"。

一、标准时

以前的旅行者曾因这种地方时的应用而受到极大的困扰。每条铁路都依照自己的子午圈的时间发车，旅客则常常因无法得知自己的钟表时间与铁路时间的关系而错过了火车。我们的标准时制度直到1883年才成立。以这一制度为标准，太阳在每小时内经过的15°就有一条标准的子午圈。当中午通过标准子午圈时，其左右7.5°的范围内则都是中午。这就是"标准时"。经过格林威治天文台的子午圈仍旧作为表示这些地方的经度的起点。费城大约位于格林威治以西75°的地方，也就是西五区，说得更准确点是约75.25°。所以费城东面一点便是美国东部诸州的标准子午圈的所在。当平正午经过这条子午圈时，正午12点的范围要一直延续到西面的俄亥俄州；密西西比河流域在1小时后便是正午12点；又1小时后，落基山脉一带也迎来了正午12点；而又过1小时，正午12点来到了太平洋沿岸。这样美国便有4种时间，分别是东部时间、中部时间、山区时间、太平洋时间，依次相差1小时。利用标准时，旅行者只需将钟表调快或调慢1小时，这样就如同在单一时区中，便能轻松穿梭于太平洋与大西洋之间。

利用这种时间的差别能确定一个地方的经度。想象在纽约的一位观察者，当他看见某颗星经过子午圈时，便发一下电报，而这时纽约和芝加哥同时记录下当地的时间。当这颗星到达芝加哥的子午圈时，芝加哥的观察者也发电报告知时间。这两次电报所相距的时间便能反映出这两地相隔的经度。

两个观察者互相报告当地的地方时是另一种确定经度的方法，这样也能达到与上面同样的效果。根据两地的时间差可推出经度差。

但关于这一点必须明白的是，天体升落依照的是地方时，而非标准时。除非我们恰巧住在标准子午圈上，否则日历中所列的太阳的升落时间是不能确定我们钟表的标准时的。这两种时间存在一个差异，那就是当我们向东或西进发时，地方时在不断地变化，当我们经过某一时区的边界时，而标准时却会一下跳过去1小时。

二、日期变更的地方

正如"中午"那般，"午夜"也在不断绕着地球旅行，依次经过各子午圈，而它所到之处则意味着迎来了新的一天。假如它正经过的地方是星期一，那当它再次来到时便是星期二了。这样的话，就必定有条子午圈是星期一和星期二的分界点，也就是新旧两天的交替处。出于习惯和方便，人们规定了一条划分日期的子午圈，把它叫做"国际日期变更线"。随着移民向东西方的迁徙，他们也将自己的日期带了去。然而，当向东的移民与向西的移民在某处相遇时，他们的日期已相差了整整一天。向西的移民还处于星期一，可向东的移民却身在星期二了。这是美国人到阿拉斯加时的亲身经历。俄国人向东走，美国人向西走，他们在这里相遇了，美国人过的是星期六，可俄国人已经在过星期日了。那么问题来了：当地居民是依照新的日期还是旧的日期来决定到希腊教堂去做礼拜的时间呢？这事甚至惊动了圣彼得堡大教堂的主教，最终，俄国国立普尔科沃天文台的台长斯特鲁维应邀解决了这一问题。他的报告认为美国人的算法相对准确些，这样，日期才得以统一。

如今这条国际日期变更线恰好与格林威治的子午线相对。它在太平洋的中间，除了亚洲东北角的斐济群岛的一部分外，几乎不经过陆地。这种情形有效地避免了因日期变更线经过某个国家内部而带来的种种麻烦。假如不是如此，那某个城市的日期便会与界线另一侧的城市相差一天，甚至一条街两侧的日期不同也是有可能的事。现在日期变更线在海洋中，便给我们减少了很多麻烦。为了避免上述麻烦，日期变更线是可以曲折拐弯的，所以它并非严格的地上的子午圈。正因如此，即使离格林威治180°的子午圈正从查塔姆群岛和相邻的新西兰中间经过，也未能影响它们日期的同一性。

第四章

· 如何确定天体的位置 ·

为了让读者能完全明白天体的运行和任何时候都能准确观测出星辰的位置，在本章中就必须引用和解释一些极有意义的专有名词。本章对于只想大致了解天象的读者不是必要的，其目的是请愿意对天象有更深了解的读者同我一起研究我们在第二章里所讲的天球。我们现在回过头再去看图1-1，便不难发现地球和天球之间的关系：我们居住在真实的地球上，我们每天跟随它的旋转而旋转；从极其辽远的距离之外将地球环绕的天球虽然是我们假想出来的，但我们必须要依靠这个假想物来确定天体的位置。值得注意的是，我们处于天球的中心，且位于地球的表层，所以我们眼中的事物都像是附着于天球内表面一样。

天球和地球有许多相似之处。正如我们知道的那样，地轴指示着地球的南北极，并且朝南北方向延伸，直指天球的南北极。我们也清楚地球的赤道环绕地球，且到两极的距离相等。在天球上同样也有一条与两极各成90°且距离相等的赤道环绕天球。若能将它表示出来，我们便会发现它永远处于同一个位置，我们还能将它的形状准确地呈现在头脑里。它与地平线相交于正东正西两点，其实就是太阳在春分和秋分两天，因周日视运动而出现在地平线上的12小时所经过的路线。以美国北部诸州作为观察点，它刚好从天顶与南方地平线之间的正中间穿过，且越向南越接近天顶。

一如地球有平行于赤道南北的纬度圈，天球也有平行于天球赤道的纬度圈，它们以两个天极为中心。地球上的纬度圈离两极越近便越小，天球亦是如此，离天极越近便越小。

从北极到南极的子午圈与格林威治子午圈所成的角度即为当地的经度，这是我们一向都知道的。其实南北天极之间也有着无数这样的线，如图1-3所示，它们与天球赤道呈直角相交。我们将这些线称作"时圈"，从图1-3中可以看出，其中有一条叫做"二分圈"，它刚好经过春分点，我们会在下一章对其进行描述。它的作用与地上的格林威治子午圈相同。

图1-3 天球的经纬

确定一颗星位置的方法与确定一座城位置的相同——用经纬度来表示，只不过所用的名词不同。在天文学里，相当于地球经度的叫做"赤经"，相当于地球纬度的则叫"赤纬"。我希望读者能牢记以下定义：

　　一颗星距离天球赤道在南北方向上的视距就是它的赤纬。图1-3中的星刚好在赤纬北25°。

　　经过某颗星的时圈与二分圈所成的角度就是这颗星的赤经。图1-3中的星恰巧在赤经3时上。

　　在天文学里，通常用时分秒来表示一颗星的赤经，就像图1-3中所示那样，但是像我们地上的经度那样用度数来表示也是可以的。由于地球每小时旋转15°角，所以时转换成度数乘以15即可。从图1-3中我们也可以看出，纬度之间的距离由其直线距离所定，而全地球上的纬度之间的直线距离都是相同的。但经度之间的直线距离却由赤道至两极逐渐缩小。在地球赤道上，一经度之间的距离大概为111.8千米；而在南北纬45°上，却只有67.6千米；到南北纬60°时已不足56千米；在各子午圈都汇聚于一点的两极，经度之间的距离甚至为零。

　　我们可以看出地球自转的线速度也因这一规律而呈递减趋势。赤道上15°的经度差之间的直线距离约为1600千米，那么地球自转的线速度约为460米/秒，而南北纬45°的线速度只有300米/秒多一点，到南北纬60°时线速度只是赤道的1/2，两极的线速度减小为0。

　　将这种经纬应用到天球时，地球的自转成了唯一的阻碍。如果我们不作旅行，那我们将会是永远处于同一经度上。但由于地球在自转，所以在我们看来是固定不动的赤经却在不断地移动。天球子午圈随着地球旋转，而时圈则固定不动，这便是两者间的唯一差别。

　　地球和天球在每一点上几乎都存在惊人的相似。地球绕地轴自西向东旋转，天球则像自东向西在旋转。我们不妨想象地球位于天球的中央，如图1-3所示，它们经过同一根转轴，这样一来，我们对它们的关系便会有一个更清晰的了解。

若太阳也如同星辰一般，时刻都像是固定在天球的某个位置，那我们想寻找一颗已知赤纬和赤经的星辰就会是件容易的事。但由于地球每年都会围绕太阳公转一周，这就使得我们每晚相同时刻观察到的太阳的视位置不同。接下来我们就来谈谈公转带来的影响。

第五章
· 地球公转及其影响 ·

正如我们所知道的，地球除了自转外，还绕太阳公转，一年绕一圈。但在我们看来，地球的公转现象倒像是太阳在群星之间每年绕天球运行一圈。如果我们假想自己环绕太阳运动，同时太阳在向反方向运动，而星辰比太阳遥远数倍，所以我们就能轻易发现太阳是在群星之间移动。由于白天看不到星辰，所以我们不是一下子就能观察到这种运动。但假如我们每天都专注于西天的某一颗星，自然会发现它一天比一天早降落，也就是说，离太阳一天比一天近。这样说来，星辰的位置是固定的，那就是太阳在不断向星辰靠近。因此，地球的公转运动便一目了然了。

若我们白天也能看见那些散布在太阳周围的星辰，那我们对地球公转便会有更清晰的认识。假设清晨有一颗星与太阳一起升起，那我们便会看到太阳逐渐东去，离这颗星越来越远，到它落山时，它与这颗星的距离已有自己直径那么远了。第二天早晨时，我们会发现太阳离这颗星已有自己直径的两倍那么远的距离了。如图1-4所示，是这种情形在春分时的运行轨迹。这种运动以一年为周期，正巧是太阳环绕天球一周所花的时间，年复一年，每年的同一时间又再次回到这颗星身边。

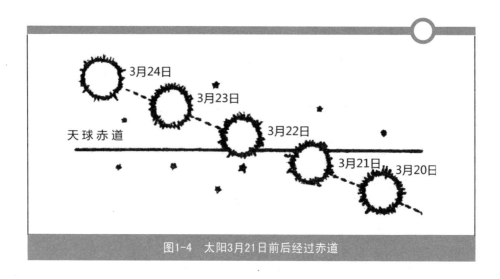

图1-4　太阳3月21日前后经过赤道

一、太阳的周年视运动

如图1-5所示，是以遥远的星辰为背景的地球公转的运行轨迹，我们可以从中看出上述情形的原因。当地球位于A时，太阳处在AM线上，它仿佛在群星中间

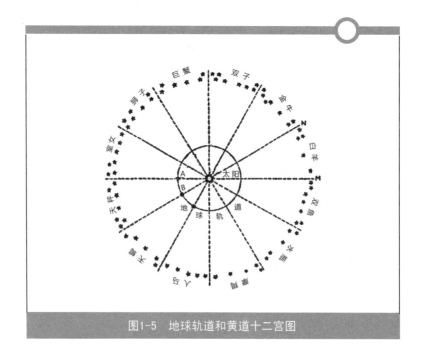

图1-5　地球轨道和黄道十二宫图

的M点上。当地球从A运行到B时，太阳也从M移动到了N，如此年复一年。其实太阳的周年视运动是古人早已知道的，只不过他们耗费了很多心血才描绘出了这种现象。在他们的想象中，太阳以一根绕过天球的线为路线环绕天球一周，年年如此。这条线被他们称作"黄道"。他们还发现了行星也大致依照这一路线穿行于群星之间。他们还想象出了一条将黄道线夹在中间，同时又将所有已知行星和太阳囊括其中的带子——黄道带。黄道带有十二宫，也就是我们熟知的黄道十二宫，每宫又含有一个星座，每个宫名与其星座名相同。太阳每月经过一宫，一年正好行遍十二宫。但由于受到一种缓慢的岁差的影响，实际情形并非如此，之后我们会对此进行说明。

经过上述种种，我们可以得出环绕天球的两条圈是依据两种完全不同的参照规定的。天球赤道是根据地轴的方向而定的，从两天极的正中穿过天球，而黄道是根据地球的公转路线来定的。

这两条并不一致的圈却以23.5°角相交于相对的两点，因此这个角叫做"黄赤交角"。为了弄清楚为什么会出现这种情形，我们得再来说说两天极。正如我们已经知道的那样，两天极是由地轴的方向决定的，而非取决于天球本身。天上相对的两点与地轴刚好在一条直线上，天极的产生就是这么偶然。既然天球赤道是两天极正中间的大圆，那么它也只与地轴的方向相关，其他因素都不会影响到它。

现在我们把地球公转的运行轨迹想象成是一个水平的圆周，太阳就在这圆周的平盘的中心，那地球就是在绕着平盘的中心运行。假如地轴是垂直的，那赤道必定是水平的且平行于平盘，地球公转一周，中心始终正对着太阳。由此可以得出，因太阳的运行轨迹而来的黄道正好是天球赤道所在的圆圈。由于地轴并非如刚才设想的那般是垂直的，而是倾斜的23.5°，因为这缘故，才使得黄赤交角也是这个数。地球公转时地轴在空间的方向是不变的，这是与此相关的一个重要事实。正因如此，地球北极时而朝向太阳时而背离太阳。如图1-6所示，是刚才我们想象的平盘，地轴朝向右方。不管地球处于太阳的哪个方向，北极的朝向都不变。

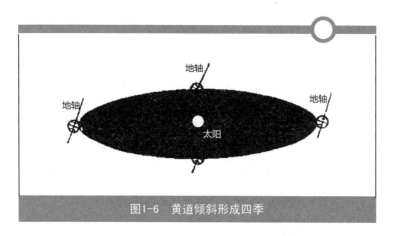

图1-6　黄道倾斜形成四季

若想了解黄道倾斜造成的影响，我们不妨假设春分左右的某个正午，地球突然停止了自转，可依然在公转。如图1-7所示，便是我们接下来3个月内向南天望去所观察到的情形。此时，我们可以看到太阳停留在子午圈上，仿佛一动不动。图1-7中所示的是天球赤道与地平相交，而黄道与赤道在春分点相交，这是我们都知道的。大约3个月之后，太阳沿着黄道逐渐移至它轨迹里最北的位

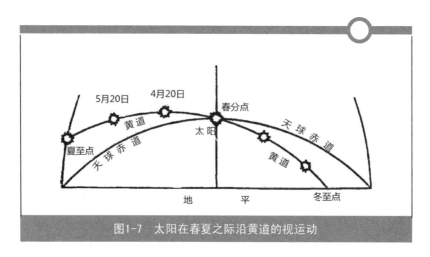

图1-7　太阳在春夏之际沿黄道的视运动

置——夏至点，此时正是6月22日前后。

若我们继续观察太阳3个月，便会看到图1-8的情形。经过夏至点后，它的
轨迹又逐渐向天球赤道靠近，在9月23日前后，它会再次经过天球赤道。它接下
来半年所行的轨迹如同拷贝的它前半年所行轨迹一般。12月22日，它会行至运
行轨迹里最南的位置，3月21日，再次经过天球赤道。由于闰年现象，这些日期
有时会出现前后的偏差。

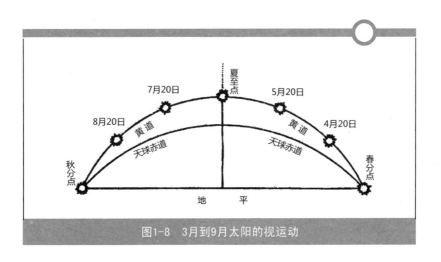

图1-8　3月到9月太阳的视运动

在我们所观察到的太阳的周年视运动的运行路线中，有4点值得注意的地
方：第一，春分点是我们最初观察的点；第二，夏至点是太阳运行轨迹中最偏
北的一点，之后便开始向南移动，逐渐靠近赤道；第三，秋分点正对着春分
点，太阳经过此处大约是9月23日；第四，冬至点正对着夏至点，它是太阳运行
轨迹里最偏南的一点。

两天极之间通过这四个点与天球赤道成直角相交的时圈，叫做"分至
圈"。我们早已知道，赤经的起点正是通过春分点的二分圈，而二至圈与之成
直角。

下面我们再来说说星座与季节、时间的关系。我们假定太阳今天与一颗星

同时经过子午圈，但是明天这颗星就在太阳西边约1°的位置了，这就意味着这颗星要比太阳早4分钟左右到达子午。这种情形日复一日，直到一年后它们再次相遇，一同经过子午圈。由此可以看出，一颗星要比太阳多经过一次子午圈，即太阳一年经过子午圈365次，一颗恒星则经过366次。然而，假如我们所参照的是南天的一颗恒星，那它经过子午圈的次数与太阳是相同的。

天文学家是利用"恒星日"这样一种方法来计算与太阳不同的恒星出没的时间的，一个恒星日恰好是一颗星经过两次子午圈所花的时间。1恒星日又被天文学家划分为24恒星时，接着被划分为分秒。他们还利用一种恒星时钟用来计算恒星时，这种时钟要比普通时钟快3分56秒。当春分点经过某子午圈时，便是当地的恒星午，而此时恒星时钟正好显示12点整。如此算来，恒星时钟恰好与天球的视运动时间相同。现在，天文学家们只要看一眼他的恒星时钟，便可知晓哪颗星正经过子午圈以及各星座都处于什么位置，这一切都是他们不辞辛劳发明这个恒星时钟的结果。

二、季节

若地轴垂直于黄道平面，那黄道便会重合于天球赤道，而地球将不会出现四季。太阳全年都从正东方升起，由正西方落下。气候只会因地球在1月比6月离太阳更近而稍有变化。而事实上黄道是倾斜的，那么3月21日至9月23日太阳直射北半球期间，北半球每天的日照时间长于南半球，且与地面所成角度也大于南半球。南半球的情形则与之相反。9月23日至3月21日期间太阳直射南半球，所以此时南半球的日照时间长于北半球。因此，南北半球的季节刚好相反，一边是夏季，另一边便是冬季。

三、真运动与视运动

在继续探讨之前，回顾一下我们所谈论过的现象是很有必要的。地球的真运动及由此引起的天体的视运动是我们的两大出发点。

地球绕地轴自转是真周日运动；因地球自转引起的星体现象是视周日运动。

地球绕太阳公转是真周年运动；太阳在众星之间环绕天球是视周年运动。

因为真周日运动，我们的地平会经过太阳或星辰，于是便有了我们认为的日升月落。

地球赤道的平面在每年3月21日前后由太阳的北面向南面移动，而9月23日前后又自南向北移动。因此，在我们看来太阳是在3月经过赤道直射北半球，在9月再次经过赤道直射南半球。

每年6月，地球赤道的平面在太阳南面的最远处，在12月，又在太阳北面的最远处。因此，我们认为太阳在6月位于北至点，在12月位于南至点。

地轴相对于与地球轨道垂直的线是倾斜23.5°的，于是在我们看来，黄道也对天球赤道倾斜了23.5°。

地球的北半球在夏季时向太阳倾斜。由于自转，北纬地区一天中大半时间都受到日照，南纬地区则只有小半时间。在我们看来，这是太阳在地平线上的时间较长所致，我们正是炎炎酷暑，南半球却是数九隆冬，昼短夜长。反之，当我们正值冬季时，也就是南半球倾向太阳、北半球远离太阳之时，此时的南半球便是盛夏，昼长夜短。

四、年与岁差

我们通常以地球公转一周的时间来划分年这一概念。如此，便有两种不同的计算方法：一种是计算出太阳两次经过同一颗恒星之间的时间，另一种是计算出太阳两次经过春分点（或秋分点）所需的时间。假如二分点在群星之中的位置是固定不变的，那这两种方法计算出来的结果是一致的。但是据古代天文学家观察得出两者的结果其实并不相同。太阳以恒星为起点与以春分点为起点相比，绕天空一周所花时间要多出约11分钟。由此可以看出，春分点每年的位置都在不断变化。这种变化我们称之为"岁差"。其实这种现象不过是由于地轴的方向随公转有所改变而造成的，与天上的事物无丝毫关系。

若假设我们已经眼见图1-6中的地球旋转了六七千年，那我们定会发现此时地轴的北极朝向的并不是我们的右方，而是正对着我们。再经六七千年之后，它又会朝着我们的左方；又过六七千年，它会在我们的后方；再次经过同样长的时间，它又回到了原来的方向，也就是说，这个周期大概为2.6万年。

我们知道天极的方向取决于地轴的方向，地轴方向的这种变化也使得天极在天上绕了一个半径为23.5°的圆圈。目前，北极星距离北极1°多一点，但北极正在慢慢地靠近它，大约200年后又再次离开它。北极在1.2万年后将移至天琴座，并且离织女星——天琴座的亮星大约5°。古希腊时代的航海者并不认识北极星，因为北极当时位于北极星和大熊座之间，距离北极星约10°~12°，所以航海者只能利用大熊座来确定航行方向。

因此，天球赤道在众星之中的位置也会有所变动，毕竟因为它是位于两天极正中间的大圈。如图1-9所示，表示的是过去2000年间天球赤道的移动情形。由

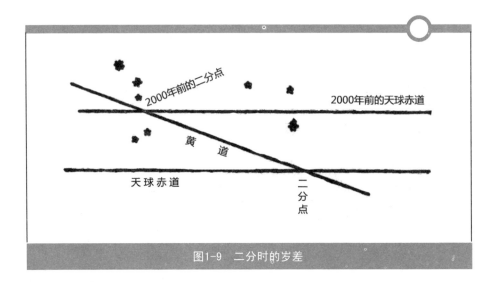

图1-9　二分时的岁差

于二分点是天球赤道与黄道相交所形成的，所以也得随之移动——这就是岁差的由来。

刚才所提到的两种年，一种叫"恒星年"，另一种叫"分至年"或"回归年"。回归年，顾名思义就是太阳两次回归二分点所需的时间，正好是365天5小时48分46秒。

我们一般用回归年来计算时间，因为我们是以太阳在天球赤道南北来划分四季的。它的长短曾被古代的天文学家认为是365.25天，而公元2世纪的埃及天文学家托勒密则认为它的真正长短比365.25天少几分钟。事实上，后者的算法更为精准，现在大多数国家都采用的是与其相当接近的格列高里历来确定年的长短。

恒星年是太阳经过同一颗恒星两次所花的时间，一恒星年等于365天6小时9分。一直沿用至1582年的罗马儒略历一年刚好是365.25天。相对于回归年，这种历法要多出11分14秒，四季也会在漫长的岁月中随之而渐渐改变。为了有一个相对准确的接近平均长度的年的制度，防止出现上述情况，后来取消儒略历400年里的3次闰年。在儒略历里，每一世纪的最后一年必定是闰年。依照格列高里历，1600年依旧是闰年，而1500、1700、1800、1900则都为平年。

格列高里历被逐渐采用，如今，它已是世界通用的历法。

通俗天文学

第二篇
望远镜及天文摄影

第一章
·望远镜的类型·

使用望远镜可以说是科学研究中最能吸人眼球的一块。读者朋友对于望远镜究竟是何物以及它的作用的好奇，我也是可想而知的。完整的望远镜的构造相当复杂，一如天文学家在天文台上用的。话虽如此，其中有几个要点只要稍微留心，大致掌握便不在话下。掌握这些要点后，去天文台参观这些仪器时便能获得比对此一窍不通的人更多的满足和知识。

众所周知，望远镜的重要作用在于将远处的事物拉近，数千米之外的事物也犹如近在眼前。之所以能产生这样的效果是因为它用了一种很大的磨得极好的光学工具——透镜。这种透镜与我们的眼镜同属一类，只是比眼镜更大且更精美而已。至少有两种方法可以收集从物体上发出来的光，一种是让光通过许多透镜，另一种是用一个凹面镜将光反射出来。基于这些原理，我们将望远镜分为折射望远镜、反射望远镜以及折反射望远镜。

一、折射望远镜

（一）望远镜的透镜

折射望远镜的透镜是由"物镜"和"目镜"两个系统组合而成的。物镜的作用在于将远处物体的像呈现在望远镜的焦点上，目镜则是将新的像呈现在人眼看得最清晰的地方。

望远镜中最复杂和精巧的部分当属物镜。制造物镜需要很多精巧的工艺，比其他所有部分加在一起所需要的工艺还多。其所需的天赋才能之高用下面的例子最能说明：一百多年前，所有天文学家都认为，世界上只有阿尔凡·克拉克（我们稍后便会提到他）能制造出巨大而精美的物镜。

物镜一般由两大透镜制成，而这些透镜的直径，也就是我们俗称的"口径"，将直接影响着望远镜的能力。口径的大小弹性很大，小至家用望远镜的10厘米，大到叶凯士天文台大型折射望远镜的1.02米。

要想远处物体在望远镜中呈现清晰的影像，就必须保证物镜能将来自该物体的所有光都集中到一个焦点上。若不能做到这一点，来自该物体的光四散到不同的焦点上，那物体看起来就是模糊不清的，犹如戴着一副不合度数的眼镜。但是，无论制造单片透镜的玻璃材质如何，都是不能将全部的光集中到同一焦点的。不管是来自太阳还是星星的光，读者肯定知道它们都是由无数不同的颜色混合而成的，只需用三棱镜就可将其区分开来。这些颜色以红色起头，之后依次是橙、黄、绿、蓝、靛、紫。单片透镜会根据光颜色的不同而将其聚集到不同的焦点上去，其中红光离物镜最远而紫光最近。这种光线的分开就是"色散"。

200年前的天文学家都对透镜的色散作用束手无策。大约1750年时，伦敦的多龙德利用冕牌玻璃和火石玻璃避免了这一弊病的产生。其实这一方法的原理很简单：冕牌玻璃的折射能力与火石玻璃几乎相同，但其色散能力却是火石玻璃的两倍。因此多龙德制作了一副由两块透镜组成的物镜，如图2-1所示，是这块物镜的一部分。前面是一块冕牌玻璃的凸镜，与之相连的是一块火石玻璃的凹镜。由于这两块透镜的曲度相反，所以会致使光射向不同的方向。冕牌玻璃

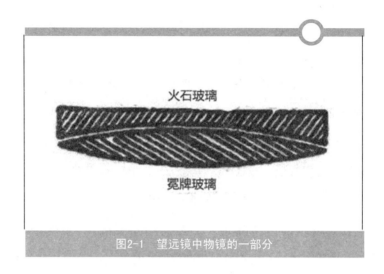

图2-1　望远镜中物镜的一部分

的凸镜将光集中于一点，而火石玻璃的凹镜却会把光线散开。只用火石玻璃的话，光线通过它时只会向各个方向散开，而不是我们希望的集中于一点。这块火石玻璃的聚焦能力与冕牌玻璃相比，刚好比后者的1/2强一点。这一设计对于消去冕牌玻璃的色散作用是相当巧妙的，但却连它的折光能力的1/2以上都无法消去。将两者组合起来就使得所有通过的光线几乎都集中在一个比只用冕牌玻璃时要远出一倍的焦点上。

之所以用"几乎"一词，是因为即使两者结合起来也无法实现将所有颜色的光线都完全集中于同一焦点。望远镜的口径越大，这种弊端便越突出。假如通过一架大折射望远镜来观察月亮或星星，那它们四周定被一圈蓝色或紫色的晕痕所包围，这是物镜无法将蓝色或紫色的光集中到其他颜色同在的焦点上的缘故。

由于物镜具有将光聚于焦点的作用，远处物体的像才得以形成于焦平面——通过焦点与望远镜的主轴或视线成直角的平面。

若你在摄影师准备摄影时去看一下他相机里呈现在毛玻璃上的人脸或景色，你便会对望远镜中所成的像有所了解。总的说来，照相机相当于是一架小型望远镜，而毛玻璃，也就是放感光片的地方，则相当于是焦平面。我们也可以将这种情形反过来说——望远镜是长焦距的大相机，如同摄影师用相机来照普通的事物那样，我们可以用望远镜来照天空。

反证法往往对我们了解一个事物更有用，一百多年前著名的月亮大骗案就是最好的例子。那个作家编造出一个极为荒唐的故事，很多读者因轻信而上当。故事是这样的：赫歇尔爵士用放大倍率极高的望远镜观测月亮，可是因没有充分的光而难以看出月亮的影像。有人向他提出一个方法——人工照明，竟然得到了惊人的效果，连月亮上的动物在望远镜中都清晰可见。若是大众，包括那些聪明人在内，都没有因此上当，那我下面这段话就是多余的。实际上，外来的光线并不会对望远镜的成像产生影响，因为所成的并不是实像。来自远处物体的所有光线都汇聚在影像的某个点上，然后由该点四散开，仿佛焦平面上呈现了一幅物体的图画。或许用图画一词来表示物体成像的情形比影像一词更为准确，只不过这是一幅由光聚焦而成的图画，除此之外别无其他。我们将这样的像称为虚像。

假如物体的影像在我们眼前形成，那大家或许会想知道，既然如此，为何还要用目镜来观测它？为什么我们不可以站到影像后面去，通过物镜观测到悬挂在空中的影像？我们的确可以这么做，犹如摄影师对待相机那样，只需在焦平面上放一片毛玻璃即可。我们如果这样去看成在毛玻璃上的影像，那当我们再望向物镜时，便可看见物体，而不再需要目镜。但如此一来，我们只能看到物体的一小部分，无论在什么位置，所以直接用物镜观测也是很有必要的，而用目镜能观测得更仔细。目镜其实是一个与钟表匠所戴的眼镜同类的小眼镜，它的焦距越短，观察就越精确。

有人会问，著名的望远镜的放大倍率能达到什么程度？其实望远镜的放大率不仅取决于物镜，还与目镜相关。焦距越短的目镜，放大率也更大。天文望远镜的目镜种类有许多，观测者可以根据不同需要而采用相应的目镜。

在几何光学原理允许的前提下，无论什么望远镜都可以实现任何的放大率。我们用一个平常的显微镜观测物体，也可以使一个10厘米的小望远镜达到同赫歇尔的大反射望远镜一样的放大率。然而，要让任何望远镜的放大率达到某种程度，实际操作起来是困难重重的。物体表面所发出的光相当弱是首要问题。假如我们使一个8厘米的望远镜拥有数百倍的放大率，以此来观测土星，那我们看到的只会是暗淡不清的土星。但将小望远镜放大倍率的困难远不止此。根据光学的一般定律，将每2.5厘米口径的放大率提高50倍以上是不允许的，即使要提，最多也不能超过100倍。也就是说，一架2.5厘米口径的望远镜是无法实现150倍以上的放大率的，更别说300倍了。

然而，让天文学家感到尤为棘手的还有一种困难——由于隔着一层地球大气，导致我们的观测变得模糊。

我们是透过一层厚厚的大气来观测天体的。假如将这层大气的密度压缩到与我们周围的空气相同，那厚度大概有10千米。10千米以外的事物在我们看来肯定是模糊的，这是因为光线所穿过的大气在不断流动着，从而使光线发生不规则的折射，事物也因此显得像是在晃动一般。我们透过望远镜看到的事物的轮廓的模糊度要更甚。事实是，我们虽然提高了放大率，但同时也将影像的模糊度等比例提高了。这种模糊度多数情况下与空气的情况相关。天文学家尽量寻找空气流动小的地方来解决大望远镜的这一问题，目的是使观测到的天体的轮廓更清晰。

我们常见到一些例子，通过高倍率大望远镜能将月亮拉得很近。例如，用一架放大率为1000倍的望远镜观测，月亮仿佛就在400千米开外的地方，而用一架放大率为5000倍的观测，月亮就好像离我们不过80千米。这种计算方法本身并无问题，但若是考虑到望远镜自身的缺陷以及大气流动所造成的干扰，那月亮上的所有东西看起来都将是模糊不清的。由于这两重原因，上述计算与实际并不相符。我对天文学家们将现有望远镜的放大率提高千倍以上来观测月亮和行星等天体所获得的效果感到怀疑，毕竟大气异常平静是不多见的事。

（二）望远镜的装置

在从未使用过望远镜的人看来，将望远镜对着所要观测的天体看就行了，是再简单不过的事。但当我们实际操作，将望远镜对准某颗星的时候，你就会发现意料之外的事情发生了。那颗星以极快的速度逃出了我们望远镜的视野，而没有像我们以为的那样一动不动地停留在那里等待着我们的观测。这是因地球自转，而星辰则好像朝反方向在旋转造成的。星辰的"逃离"速度与望远镜的放大率成正比。假如使用高倍率望远镜，星辰早在我们对准它之前就逃离了我们的视野。

由于望远镜的放大作用，我们所看到的视野也因此而缩小了，缩小倍率正好和望远镜的放大倍率相当，所以我们的视野范围与实际相比要大很多。例如，我们用放大率为1000倍的望远镜去观测天空，那我们的视野便只有2′的角度，而这在我们的肉眼看来只是一小点的天空。这犹如透过一个6米高的屋顶上的直径为3.5厘米的小洞去观测星星。有了上述小洞望星的想象，我们不难发现，追寻到一颗星并跟随它的踪迹是件非常困难的事。

为了解决这一问题，我们可以在望远镜上安装一整套能在互为直角的两轴上旋转的仪器，从而使望远镜能追踪到某颗星，并跟随它的周日视运动。为了不分散读者的注意力，所以我们不打算一上来就对该仪器的机理做详细的介绍。我们首先来讲讲转动望远镜的两轴间的关系。如图2-2所示，主要的一根轴与地轴平行，正对着天极，所以叫做"极轴"。由于地球每天自西向东自转，因此与极轴相连的一个以相同速度自东向西逆旋转的装置便将地球的自转给抵

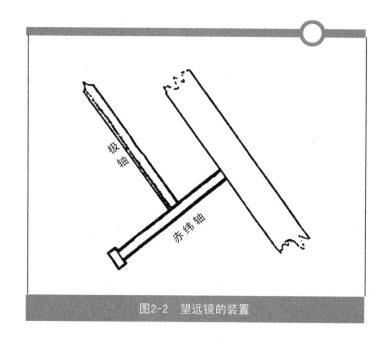

图2-2 望远镜的装置

消了。一旦望远镜对准了一颗星，启动装置后，这颗星便不会再逃离视野。

为了达到望远镜能任意对准天上的一点的目的，还得有根"赤纬轴"，它与极轴互为直角。赤纬轴有一部分恰好与极轴的前端相连，二者呈现T字形。当望远镜在这两根轴上转动的时候，它便能对准我们想观测的任何方向。

由于极轴平行于地轴，那它倾斜于地平的角度恰好等于当地的纬度。在北纬偏南的位置，它便几乎平行于地平而非垂直，反之，在北纬偏北的位置，它又几乎与地平垂直。

显然，这种装置对于将一颗星固定在视野里这一问题解决得还不是很彻底。花费上几分钟甚至几小时的时间都还没有成功也是可能的事。不必担心，我们还可以利用以下两种方法来将星星拉入我们的视野。

所有的天文望远镜都在长筒的下端装有一个放大率较低、视野较大的小望远镜——"寻星镜"。观测者可以将寻星镜对准已经看见的那颗星，再将已经进入寻星镜的星移至视野的正中，这样一来，该星自然也就在主镜的视野范围内了。

然而，天文学家所要观测的星多数都是无法用肉眼看见的，所以必须还得解决使望远镜能对准肉眼无法看见的星这一问题。这时，安装在两轴上的划分度数的圆圈就有用武之地了。一个圆圈上刻着度数和分秒，所表示的是望远镜对准的那点的赤纬。另一个装在极轴上的用以表示赤经的是时圈，它划分为24小时，每小时又分为60分。有了这一装置，天文学家寻找一颗位置确定的星便是件容易的事了：确定该星在距离子午圈偏东或偏西的位置，也就是它的时角，只需用当时的恒星时减去该星的赤经即可；再将赤纬圈对准该星的赤纬，此时，望远镜时圈上的度数正好是该星的赤纬度；再转动极轴上的时圈，使其度数等于该星的时角。接下来开启自动追踪星星的导星器，便可在望远镜中看到所要找的星星了。

读者千万别认为这一过程是多么的繁复，其实，只要亲自去天文台体验一下就可明白是件多么容易的事，甚至在几分钟内理解恒星时、时角、赤纬之类的专业名词也完全不成问题。实际操作总是比书本上的记载更能让人清楚。

（三）望远镜的制造

许多与望远镜制造相关的趣事都源自历史事实，接下来我们就来谈谈这些趣事。

正如我们在前面提到的那样，物镜的制造是最困难和需要最多精巧的工艺的。用"差之毫厘，谬以千里"来形容出现在物镜只有0.00003厘米薄的部分上的差错，是再合适不过的了，这丝毫的差错足以将像破坏掉。

除了对磨镜师打磨镜片的技能的要求之外，同样困难的还有将大玻璃盘加工得足够均匀和纯净，只要稍微有点不均匀就不能用，同时还影响美观。

在19世纪初，将火石玻璃加工至足够均匀是件相当困难的事。熔化玻璃时火石玻璃里面所含大量的铅会沉到锅底，导致下半部分的折光能力强于上半部分。因而一架十几厘米口径的望远镜在当时都要算作是大型的。恰好在当时，瑞士人奇南发明了一种在我们看来不过是在熔化玻璃的过程中不断地搅动而得以成功的制成大片火石玻璃的方法。

还需要一位技艺超群的磨镜师将这些玻璃盘磨光，它们才能得以利用。在慕尼黑，有一位名叫夫琅和费的出色的磨镜师，1820年时他制造了一架口径为25厘米的望远镜。他的成就不只这个，他还在1840年时制造了两架在当时被认为是奇迹的口径为38厘米的望远镜。其中一架收藏于俄国普尔科沃天文台，另一架收藏于哈佛天文台，五六十年之后仍能使用。

在夫琅和费去世之后，麻省剑桥港——一个名不见经传的地方，一位名叫克拉克的肖像画家成为了他的后继者。此人十分杰出，虽然几乎未受到任何的专业训练，也未学习过如何正确运用光学器具，但却成就非凡，由此可看出天赋是多么的重要。他之所以能成功，似乎是因为他对此天生的理解力以及过人的眼力。在一种无法抗拒的思想的驱使下，他从欧洲买了一些粗玻璃盘，用这些做小望远镜的必备材料制造了一架10厘米口径的望远镜，效果非常令人满意。

克拉克因其在透镜方面的天赋异禀而闻名之后，他又着手制造一架史无前例的巨型折射望远镜。这架46厘米口径的大望远镜是专门为密西西比大学制造的，大约在1860年时完工。就在该望远镜投入试验之前，他的儿子乔治·克拉克曾用它来观测早已为人所知却从未被观测到过的天狼星的伴星。由于美国南北战争爆发，这架望远镜未能落户密西西比大学，反倒被芝加哥人买去了。它一度成为埃文斯通的迪尔波恩天文台的主要设备。

（四）大型折射望远镜

19世纪末，工艺水平迅速提高，各国也随之大加改良光学玻璃制造技术，这便迎来了一个制造大口径折射望远镜的鼎盛时期。

许多专家都大展身手，制造出了大批精美巨大的透镜。克拉克用奇南的女婿菲尔制造出的越来越大的玻璃片制成了更大的望远镜：第一架的口径为66厘米，是专门为华盛顿的海军天文台制造的，还为弗吉利亚大学制造了一架差不多大小的；之后的76厘米口径的是为俄国普尔科沃天文台造的；后来的91厘米口径的专为加利福尼亚的里克天文台而造。

菲尔去世后，曼陀伊斯继承了玻璃制造的事业，经他之手的玻璃的纯净度与均匀度可谓空前。克拉克能为威斯康星的叶凯士天文台制造最大的望远镜的物镜，全凭曼陀伊斯供给他的玻璃片。这架望远镜目前仍是世上最大的折射望远镜，它的直径足有102厘米。

机械方面的发展也进入了一个新阶段。去参观现代天文台的人都会为能便利地观测天象而震惊不已。大望远镜摆放得相当平稳，用手能很轻易就将其推动，由于采用电机控制，因此可以迅速转动。观测者只用按一下按钮，望远镜便能移动到需要它对准的新的方向上去，圆顶也会随之转动使缝隙对准新的方向。为了使观测者能在望远镜改变方向时仍能贴近目镜，其所站的地板是能随意起落的。

多数使用大型望远镜操作的研究都要取下目镜，代之以其他的工具——可能是为方便天象摄影研究而安置的一件装置底片的东西，也可能是为分析天体的光而安置的一座分光镜，还可能是为记录天体辐射的强度而安置的特殊装置。将光集中于一个焦点之上是望远镜的重要功能，这样一来就方便了人们的研究。有的望远镜是固定的，威尔逊山天文台的塔式望远镜就是其中一例。天体的光经由可以活动的镜子到达望远镜上，望远镜再将光集中在焦点上以此进行研究。

二、反射望远镜

众所周知，安置在镜筒上端的一个透镜或多个透镜的组合便是折射望远镜的物镜。物镜将光集中在镜筒下端的焦点上，并在那里呈现一个影像，该影像可用目镜观察，也可用于摄影，还可以用于研究。伽利略那个时代所用的望远镜都是折射望远镜。经过消色方法改良后，这种望远镜仍具有广泛用途。

反射望远镜的物镜是一副置于镜筒最下方的凹镜，星光通过它被反射到靠近镜筒上方的焦点上。不得不解决的问题来了——观测者得从镜筒的上方向下看才能观测到呈现在焦点上的像，若是他俯身向镜筒望去，那他在镜中看到的只会是他自己的影子，因为镜中大部分的星光都会被他的头和肩所遮住。要想准确观测到星光的成像，就必须想办法让焦点在镜筒之外，而不同的方法造就了形式各异的反射望远镜。其主要形式有主焦点式、牛顿式、卡塞格林式、格雷果里式、折轴式等，下面我们着重介绍牛顿和卡塞格林式。

牛顿式反射望远镜镜筒顶端的焦点内斜置着一面小镜，望远镜的主轴与小镜的反光面所成角度正好是45°。大镜将会聚的光束反射到旁边的镜筒上，此时便可以用一般的目镜来观测了，摄影也可以。

牛顿式反射望远镜的观测口位于镜筒上方的左边。如图2-3所示，星星所

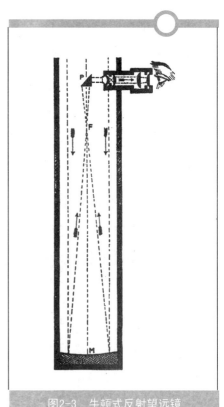

图2-3 牛顿式反射望远镜

在的位置与观测者在目镜中的视角呈90°。大型反射望远镜的观测台与旋转圆顶相连，与缝隙相对，升降自如，方便观测者用望远镜观测任意方向。

卡塞格林式反射望远镜的主镜与焦点之间放有一块较小的反射镜片，该镜片将会聚的光束向大镜反射去，经过大镜正中的一个小孔，将焦点呈现在镜后，将目镜安放在这里是最合适不过的了。观测者用这种望远镜观测物体，与用折射望远镜观察是同样的效果。许多反射望远镜用牛顿式和卡塞格林式皆可。

直至两百多年前，反射望远镜才被广泛应用，而早在之前的50年牛顿、卡塞格林等人就对其不同形式的原理做出了说明。威廉·赫歇尔爵士制造了许多反射望远镜，其中几架还用于观测天象。爱尔兰的罗斯爵士是一位业余天文学家，他拥有一架是在当时堪称是巨无霸的口径1.8米的大型反射望远镜。由于它首次观测到了后来被人们称作漩涡星云的来自遥远天体的漩涡结构，人们都对其有所耳闻。

金属盘是制造早期反射望远镜镜片的材料，一旦镜面有所暗淡，就得再次磨光。较之现代大型望远镜的机械部分，赫歇尔、罗斯等人的望远镜可谓是相当粗糙的，因为它们无法实现始终跟随天体的向西移动，而这一点在现代天文观测中是至关重要的，尤其是对摄影。

直到两百年前，玻璃才取代了金属成为做镜片的材料。制作镜片首先得将圆玻璃的一面打磨成合适的形状，然后将一层薄薄的银膜或铝膜覆在曲面上。

第二章

· 天文摄影 ·

将摄影术应用到天体研究是天文学最大的进步之一。19世纪40年代，纽约的德雷珀利用银板摄影成功拍摄了一张月亮的照片。哈佛天文台的邦德和纽约的卢瑟福依靠更先进的科技，逐步将此项技术应用到对月球以及其他星辰的研究上。与现代的天文摄影技术相比，这些前辈所做的努力并不算什么，但卢瑟福对昴星以及其他星团的摄影照片直到今天依然具有研究价值，他们的成功由此也可见一斑。

如若我们能将普通相机安置得像一台可以追随星辰的周日视运动的赤道仪，那我们也可以用它来拍摄星辰。想拍摄到比肉眼所见更多的星只需几分钟的曝光时间，而用大型相机的话用不到1分钟。尽管如此，天文学家仍选择一种摄影望远镜作为拍摄器具。只要在普通摄影机上安装适当的改善装置也是可以使用的，不过，为了到达最佳效果，要求望远镜的物镜必须使摄影底片最敏感的蓝光和紫光会聚在同一焦点。

为了能同时观测到更为广阔的天空，用于摄影的折射望远镜通常比同口径的目视望远镜要短。这种望远镜通常采用双重物镜，也就是"双分离物镜"，目的在于增加所拍摄影像的清晰度，同时减少颜色的模糊。巴纳德能成功拍摄出绝世超伦的银河和彗星便是使用了布鲁斯双分离物镜。哈佛天文台的61厘米双分离物镜曾经对于我们了解南半天球起到了重要作用。折射望远镜只需将物镜充分消去色散，它便既能用于目视，又能进行摄影。

在当下，代替直接用眼睛在望远镜上观测，人们更多的是用摄影来记录这一切。人们拍摄大量晴朗天空的影片，这些实实在在的资料对于日后的研究大有裨益。往往在发现新行星或新星等很有意思的天体之后，它多年前的历史仍能在先前的这部分天空的影片中被找到。

古代的天文学家都用尽量准确的图画来记录太阳黑子、日食、行星、彗星、星云以及其他天体的现象。绘制这些图画需要很长的时间，而其中还夹杂着天文学家的个人意见。两位天文学家根据同一现象所描绘出的图画各不相同也是常有的事，甚至后来他们各自与自己之前的描绘都不相同。利用天文摄影我们便能掌握更为准确的天体及其现象的影像，同时也大大缩短了所需时间。

经过长时间的曝光，底片上出现的情形是我们的肉眼所不能看清或根本就看不到的，这也是天文摄影最大的优点所在。例如，有些星云即使是用最大的望远镜也无法看见，但却能清晰地出现在照片中。要想得到一张暗弱天体的清晰图片，除了若干小时的曝光，还要求望远镜活动部分的移动要十分准确，当然，天文学家的技术和耐性也是必不可少的。

通俗天文学

第三篇

太阳系的行星
及相关知识

第一章
·太阳系概述·

如今，关于包括我们所生存的地球在内的这一系列天体是怎样形成一个整体这一点，我们已经清楚了。相对于宇宙，这样一个整体极其渺小，但它却是我们的生存之源。我们首先来探究一下是什么构成了这样一个整体，以便对太阳系的各个组成部分有更详细的了解。

一、太阳系的组成

太阳是我们首先要谈及的，这个整体以其名字命名，它的重要性由此可见。它是一个巨大的球体，居于太阳系的中央，以令人难以想象的速度将光和热散发出去，这个整体是依靠它巨大的引力才得以维持运转的。

我们的地球如同其他行星一般，在各自的轨道上作环绕太阳的运动。前人之所以将这些星辰命名为行星，是因为它们不像恒星那样在天空中的位置是相对固定的，它们反倒是在恒星之间来回游走，这也正是行星这个词的本意。行星又分为大行星和小行星两类。

大行星是太阳系里除了太阳之外最大的星辰，一共是8颗。依照它们各自到太阳距离的远近，呈现有规律的排列。水星离太阳最近，海王星离太阳最远，它们到太阳的距离分别是5800万千米和45亿千米。

　　一道很宽的间隙将大行星分为两类。里面4颗是类地行星，它们的体积均比外面的类木行星要小很多，合起来的体积连外面天王星的1/4都不到。

　　旋转在两类大行星间隙中的是小行星，它们与大行星相比，可谓是十分渺小。它们所在间隙的宽度大约从距地球远一点的地方起，到10倍的地日距离的地方止。它们中大部分位于四五倍地日距离的地方。与大行星相比，数目众多是它们的一大特征，为我们所知的有编号的小行星就有超过一万颗，还有新的不断被发现，因而对于其总数我们仍无法计算。

　　在太阳系，还有一类叫做"卫星"的天体，月球便是其中之一。这些小天体通常绕着大行星旋转，但位于最里面的水星和金星却是没有卫星的，而月球便是我们地球的卫星。除水星和金星之外的每颗大行星之于其卫星，正如太阳之于太阳系，是系统的中心。我们通常以其大行星的名字来命名这个系统，于是便有了火星系、木星系、土星系等一系列星系。其中，火星系包含火星及其2颗卫星；木星系包含木星、木星光环以及5[①]颗卫星；土星系则包含土星、土星光环以及8[②]颗卫星……

　　彗星是太阳系又一星群，它们在一个极扁的椭圆形轨道上绕太阳运行。它们中的大部分到达运行轨道上离太阳最近的地方需要几百年甚至是几千年的时间，而只有在这时我们才能看见它们。若是中途出现意外，那它们就无法被我们看到了。

　　除了以上提到的天体外，还有一种叫做"流星体"的无数微小的岩石块，它们也有其绕日运行的轨道，与小行星和彗星或许有些关系。我们是完全不能看见它们的，若它们意外闯入了我们的大气，那它们便成为了我们口中的

———————————

① 现已发现的木星卫星有66颗。——译者注

② 现已发现的土星卫星有62颗。——译者注

"流星"。

以太阳为中心，由近及远，行星的排列顺序依次为：水星、金星、地球（1颗卫星）、火星（2颗卫星）、小行星、木星（5颗卫星；有光环）、土星（8颗卫星；有光环）、天王星（4①颗卫星；有光环）、海王星（1②颗卫星；有光环）。

二、行星运行轨道

行星绕日运行的轨道类似于一个椭圆，但这个椭圆单用肉眼是无法看出其扁的程度的。太阳位于椭圆的一个焦点上，而非人们认为的椭圆的中心，有时甚至肉眼一下子就能辨别出焦点离中心是极远的。椭圆的离心率便由焦点到中心的距离得出，但结果却远远超出扁的程度。水星运行轨道的离心率很大，可扁的程度不过是0.02，这便是最好的证明。若我们用50表示水星轨道的长轴，那短轴便是49，按照同等比例可以得出太阳距离轨道的中心却是10。

为了更形象地说明这一点，我们画一幅图来表示太阳系四大内行星运行轨道的形状和相对位置如图3-1所示。从这幅图一

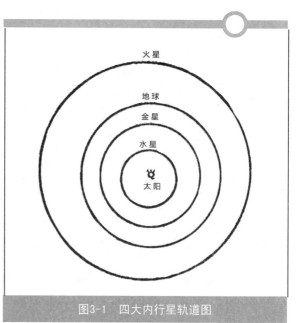

图3-1　四大内行星轨道图

---

① 现已发现的天王星卫星有29颗。——译者注
② 现已发现的海王星卫星有13颗。——译者注

眼便能看出这些轨道上的某些点较之别处离太阳更近。

用一些天文学的专业术语来解释这些现象是我不得已而为之的，但也是为了能将行星的真实运行情况更清晰地呈现在读者面前，那读者朋友多了解一下这些天文学概念也无妨：

内行星，指的是运行轨道在地球运行轨道以内的行星。仅有水星和金星属于这一类行星。

外行星，指的是运行轨道在地球运行轨道以外的行星。火星、小行星和外面的五大行星均属于这一类行星。

当我们看到一颗行星经过太阳，和太阳好像在同一方向上运行时，便叫做与太阳相合。

下合，也就是行星位于太阳和我们之间的合。

上合，也就是太阳位于行星和我们之间的合。

很容易就能想到下合是绝不可能发生在外行星上的，而对内行星而言，下合与上合皆可。

当一颗行星位于太阳的反方向，也就是我们位于行星与太阳之间时，叫做"冲"。这样一来，便会是日落时行星升起，日出时行星降落的景象。内行星自然是不会发生冲的。

轨道上离太阳最近的一点叫做近日点，离太阳最远的一点叫做远日点。

内行星的绕日运行在我们看来仿佛是从太阳的一边到另一边去。无论它们处于轨道上的哪个位置，到太阳的距离与轨道所成的夹角都称为"距角"。水星的距角最大为25°，由于它的轨道离心率较大，所以距角有时大有时小。金星的距角最大可达45°。

当这2颗行星其中一颗位于太阳东方时，那我们将会在太阳西沉时的西天看到它；位于太阳西方时，我们将会在日出时的东天见到它。由于这2颗星是不可能跑到离太阳很远的地方去的，因此我们肯定不会在傍晚时分的东天或破晓时的西天看到这2颗星。

2颗行星的轨道在同一平面这种情形是不存在的。也就是说，向一条轨道的水平方向望去，其他的轨道与之相比均或高或低。为了方便，天文学家将地球轨道所在的平面，也就是黄道平面，定为水平位置。我们知道每条轨道的中心点是太阳，那自然每条轨道都有两个点与黄道平面相交，这两个点就叫做交点。

轨道和黄道平面的夹角便是轨道交角。水星的轨道交角有7°，是最大的轨道交角。金星轨道交角大约3.4°。外行星的轨道交角均比较小，范围大约在天王星的0.77°与土星的2.5°之间。

（一）行星之间的距离

除去海王星，行星之间的距离与"提丢斯—波得定则"极其吻合。这一定则便是以首先提出它的天文学家的名字命名的。这项定则是：依照0、3、6、12……从第二个数开始，后一个数是前一个数的两倍这样的规律，然后原来的数加上4，便可计算出行星之间（除了海王星）的大致距离。如以下所示：

水星：	0+4=4	实际距离	4
金星：	3+4=7	实际距离	7
地球：	6+4=10	实际距离	10
火星：	12+4=16	实际距离	15
小行星：	24+4=28	实际距离	20～40
木星：	48+4=52	实际距离	52
土星：	96+4=100	实际距离	95
天王星：	192+4=196	实际距离	192
海王星：	384+4=388	实际距离	300

从以上数据我们可以看出，天文学家并未用千米这种经常用于表达距离的单位来表示行星间的距离，原因有两点：首先，千米太短了，不足以用来表示行星之间的距离，正如我们不可能用厘米来表示两座城市之间的距离；再者，我们地上的长度单位并不适用于测量天上距离。假如将地日距离作为测量标准，那便可以很轻易地知道行星间的距离了。由此我们可以得出，只需用以上的实际距离除以10（将小数点前移一位也是一样的），便可得到行星与太阳之间的距离。

我们没有用纷繁的小数来打扰读者，而水星的实际距离是0.387，别的行星也是这样。为了与提丢斯—波得定则进行对照，我们在计算时将它看做0.4，再乘以10。

（二）开普勒定律

行星的绕日运行与开普勒所发现的一种规律相吻合，所以这一定律就被称作"开普勒定律"。行星都绕各自椭圆形的轨道运行，且太阳在其中一个焦点上，这便是开普勒定律的第一条，我们在前面已经提到过的。

行星离太阳越近，运行速度越快，这是开普勒定律的第二条。之所以会出现这样的情形，是因为在相等的时间内，太阳与运动的行星之间的连线所扫过的面积是相同的，所以行星在距离太阳近的位置运行速度较快。

行星绕太阳公转周期的平方与其到太阳的平均距离的立方成正比，这就是开普勒第三定律。也就是说，若有一颗行星到太阳的平均距离是另一颗行星的4倍，依照该定律，4的立方为64，64再开平方为8，所以它绕太阳一周所花的时间将是另一颗行星的8倍。

我们知道太阳系中的距离单位是地日平均距离，由此可知，内行星的地日平均距离是小于1的，外行星的则由火星的1.5到海王星的30。我们一旦计算出这些距离的立方数，再将其开平方，那定能知道它们的以年为单位的公转周期。

我们还知道离太阳越远的行星，公转的周期就越长，它们的轨道更长是其中一个原因，另一个原因是它们走得更慢。照这样来看，一颗外层行星距离太阳4倍远，其运动速度相应就慢了一半，所以公转一周要多出8倍的时间。地球以29.8千米/秒的速度绕日公转，而海王星却只是以5.6千米/秒的速度在运转，但它的轨道长度是地球的30倍，因此它公转一周要花上160年的时间。

第二章

·太阳·

　　我们首先要探讨的当然是太阳系里最大的天体——太阳。它位于太阳系的中央，是一个发光的球体。它的体积以及与我们的距离是我们最先想知道的。我们一旦计算出它与我们的距离，那自然就能知道它的体积。我们首先计算出太阳直径与我们的视野所成角度，如果它与我们的距离也得到确定，那么它的直径便可轻易获知，这属于简单三角问题的范畴。经过精确测量之后，我们得到了太阳直径与我们的视野所成角度为32′。已知太阳直径的107.5倍恰好是太阳与地球之间的距离，那用地日距离除以107.5便是太阳的直径了。

　　地球与太阳相距14906万千米，除以107.5，大约等于139万千米，这便是太阳的直径，可以看出大约是地球直径的110倍，从而还可以得知太阳的体积是地球的130万倍。

　　太阳的平均密度不过是地球密度的25%，是水密度的0.4倍。

　　太阳的质量大约是地球的33.2万倍。

　　太阳表面的重力是地球的28倍，地球上的人若是到了太阳上，那他的体重将达到两吨，甚至连自己都不堪此负重而被压倒。

　　作为光和热的源头，太阳对于我们而言，极具重要性。没有它，世界将是一片黑暗，四周充斥的只有无尽的寒冷。正如我们所知道的，白天渗入到地面的热量会在晴朗的夜间又散发到空气里。若没有白天的日照，热量便会逐渐消失殆尽。试想一下，假如太阳一下子消失了，那我们将会面对怎样一种情形——不再有大量的光明，我们也不能感知到月球和其他行星的存在，因为它们也将变得暗淡。纵使此时有满天繁星，它们带给我们的光明和温暖也是极少的，毕竟它们距离我们那么遥远。逐渐地，犹如冬夜般的寒冷将侵蚀着我们的身体。由于黎明将永不再来，所以温度随后不断降低，低到比两极还要寒冷，与此相比，现在所感受到的寒冷并不算什么。失去了阳光，光合作用无法进行，植物也就将停止生长。当然，此刻这些都无关紧要了，所有的生物都将在短时间内因这不断下降的气温而被冻死。相对于陆地，海洋的降温不是那么迅速，因为水具有较好的储存热量的性能。然而，几个月之后，所有的海洋也将被冰封起来。

与其继续做无谓的想象，不如真真切切来研究一下带给我们光和热的太阳。

我们平时所见到的是太阳的表面，叫做光球，它有别于几乎透明的最外层和我们肉眼看不到的里面部分。在我们的肉眼看来，光球的每一处都是绝对相同的，然而，经由加了滤光镜的望远镜我们可以看到光球的整个表面都布满斑点。通过更加精确的观测，我们可以知晓这是由光球上的许多形状各异的小颗粒造成的。

即使不用望远镜我们也能看出光球各部分的亮度是不同的，中心部分的亮度显然要强于四周的。也就是说，离太阳边缘越近，亮度就越低。当我们将一块黑色的玻璃挡在眼前，或是傍晚时分透过晚霞欣赏落日时，就能轻易辨别出这种情形：最边缘部分的亮度甚至只有中心部分亮度的一半，并且光的颜色较中心的光要暗红。

对于太阳，我们至多也就能观察到光球，其内部情形我们则无法观察到。我们透过数万千米的太阳大气看到的这个如皮球表面一样光亮的光球，密度却只是我们空气的1/10000。由于光球边缘的大气很厚，所以才使得那里的光更显暗红。

一、太阳的自转

进一步的观测和研究表明，有一根类似于地轴的轴穿过太阳的中心，太阳正是以它为中心自西向东旋转的。与地球一样，太阳也有"两极"，那就是转轴与太阳表面相交的两点。太阳的"赤道"指的是两极之间最大的那个圆圈。太阳赤道的自转周期为25.4天，其长度是地球赤道的110倍，由此可以得出太阳的自转速度是地球的4倍，也就是2000米/秒。

太阳的自转有一个特点——离赤道越远，自转周期越长，在两极附近周期可达36天。若假设太阳与地球一样都是固体，那它各部分的自转速度就应该是相同的，而显然太阳不是固体，至少表面一层不是。

太阳赤道与地球轨道的平面成7°的夹角。春季时，在我们看来，它的北极与我们相背7°，而圆盘中心则在太阳赤道以南7°的位置；夏秋季节我们看到的情形则与之相反。

二、太阳黑子

太阳表面的一些黑色斑点常常闯进我们用于观测它的望远镜中，这些斑点就是黑子。这些黑子都随太阳自转而运动，它们对于推算太阳的自转周期起了很大的作用——6天以后，原本位于圆盘中心的黑子将移动到西面边缘，继而消失；若这些黑子没有消失，那两周之后，我们将在东面边缘看到它们的身影。

黑子的大小差别很大，小到用最好的望远镜也只能观测到一小点，大至就算直接用肉眼透过涂黑了的玻璃也能观测到一大块。一般情况下，都是许多黑子一起出现，即使肉眼无法看到单个的黑子，但却能看见它们的"大队伍"。有的黑子的直径有8万千米，黑子最大的队伍占去了太阳整个表面1/6的面积。

黑子的发展都在平行于太阳赤道的圈子周围进行。自西向东，排在最前面的黑子往往是这个队伍里最大的，并且它的寿命最长，其他黑子都消失了，唯独它还存在。到最后，一群黑子往往就只剩下一个队员。随着运动，黑子会分裂成许多不规则的碎片。

经过3个世纪的观测研究，我们发现了太阳黑子出现频率的一些规律，其周期为11年。某些年份太阳上面只有很少的黑子，有时根本没有（例如1889年和1900年）。但是第二年的黑子数就明显增加了，一年比一年多，5年之后黑子数达到顶峰，而之后又逐年减少，直到一个周期结束，继而又开始下一个周期的循环。早在伽利略时代，人们就已认识到了黑子的这种变化，而周期率的确立是由施瓦布在1843年完成的。

太阳黑子数目变更的周期与地球上的很多现象相契合：太阳黑子数目达到顶峰的时候也是深红的日珥出现最频繁的时刻；黑子的增加和减少都将影响日冕的形状；黑子也是扰乱地球无线电信号传输和毁坏精密电子设备的磁暴现象的"罪魁祸首"，黑子数目的增减直接影响着磁暴的强度和发生频率；黑子数目最多时，也是极光出现频率最多和最壮观的时候；而这一周期对气候则产生了少许的影响。

黑子的出现的另一条有趣的规律是：黑子只在太阳的某些纬度上才有，而并非布满太阳整个表面。太阳赤道以南和以北的地方黑子数目较多，而赤道上却很难见着。黑子大量出现在南北纬15°～20°，纬度再高些的地方数目又开始减少，30°以上就几乎不见其踪影了。若我们用一个圆来表示太阳，用一个黑点来表示黑子，经过多年观察，我们便会看到如图3-2所示的情形。

在太阳黑子的附近，还常有一些比光球还明亮的小斑点出现，我们将这些小斑点称作"耀斑"。

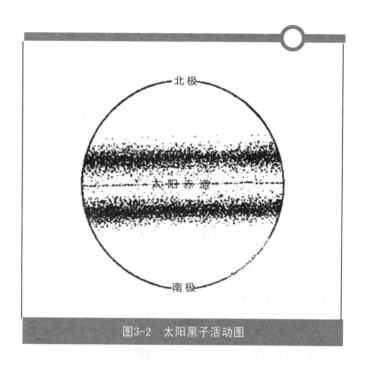

图3-2　太阳黑子活动图

　　黑子的出现常致使太阳上出现类似于地球上的飓风的风暴，只不过这风暴要比飓风大数倍。炽热的气体不断升腾，到达比内部压力小很多的光球时，它们就喷发出来，直向表面冲去。周围的温度也因此降低了一些，这一区域的光辉从而也有所减弱，太阳黑子便是这样形成的。

　　包括飓风在内的所有漩涡都与地球的自转相关，北半球和南半球的旋转方向相反，北半球逆时针方向旋转，南北球则顺时针旋转。太阳黑子的旋转方向亦是如此。领头的黑子的旋转方向常常与跟随它的黑子的旋转方向相反，而现有黑子群的旋向又将影响后来分裂出的黑子的旋向，所以太阳上风暴的情形远比地球上风暴的情形复杂。

三、日珥和色球

　　日珥是太阳又一有趣之处。就在我们研究日珥时遗留下了一段有趣的历史，我们将在之后介绍日食时详谈此事。日珥是一种大团气体，十分稀薄和灼热，是由太阳的各个部分射出来的。它们异常巨大，地球与之相比也不过是沧海一粟。它们上升的速度有时可达到数百千米每秒，实在惊人。黑子所在之处也常常可见到它们的身影，当然，它们并不只在那些地带。由于地球大气的折射，使得太阳周围出现炫目的光芒，因此就算是用专业的天文望远镜也观察不到日珥，那就更别提用肉眼了。但是，若是遇到日全食，那层光芒由于月球的作用而褪去了，那我们用肉眼就能看到日珥。

日珥分为爆发日珥和宁静日珥两种。从太阳上升起时犹如巨大而翻滚的火浪的是爆发日珥，仿佛空中浮云一般静静悬于太阳之上的是宁静日珥。也许是由于太阳光的排斥力，使得它们能安然悬于空中。

经过光谱的分析，我们知道了由氢、钙以及少量其他元素构成了日珥。正是由于含有大量氢元素，才使得它们呈现红色。进一步的研究显示，有一种叫做"色球"的薄气层布满光球，而日珥与其相关。同日珥一样，色球也呈现深红色，由此我们可以推断出它和日珥的主要构成元素相同，都是氢。

日冕是一种环绕在太阳周围的光辉，它是由极端稀薄的气体组成的，只有在日全食时我们才能看到它。有时，它从太阳向外延伸的光线比太阳的直径还长。在讲到日食时我们还会对它作详细的介绍。

四、太阳的结构

我们日夜守望的太阳究竟是何模样，下面我们来回顾一下。

它有我们永远也看不到的极其宽广的内部。

光球是我们的肉眼所能见到的太阳表面，虽然这个表面只是太阳最亮的部分，而非真正的表面。在这表面，常常可见到斑驳的黑子和耀眼的耀斑。

光球的最上面是一层叫做色球的气体。在分光仪下，任何时候都能见到它，然而，肉眼却只有在日全食的时候才能看到它。

日珥是色球喷发出的红色的光焰。

日冕环绕着整个太阳。

以上就是太阳在我们眼中的情形。那太阳究竟是什么呢？它的本质是固体、液体还是气体呢？又或许是其他形态？

由于我们已经知道它表面的各部分自转周期是不同的，所以可以明确肯定它的表面绝不可能是固体。再者，它自身的温度相当高，所以它也不可能是固体或液体。许多年来大家都认为太阳内部是由具有很多奇妙性质的物质状态的等离子体构成的，只是由于太阳巨大的引力，所以才呈现非常紧密的状态。然而，依据物理理论，可以得出太阳内部结构与理想气体的状态方程是一致的，因此将太阳视作气体也是可以的。

我们每个人对太阳的高温都不会有所怀疑。我们距离它1.4亿千米，仍能在夏季感受到炎热，那它自身的温度当然是更高的。经过适当的测算，我们得出了光球的温度达6000℃以上，而它是太阳辐射的直接来源。

用不同的方法测量太阳表面的温度，得到的结果是一致的。辐射体温度与辐射功率之间的确定关系是这些不同方法都要共同遵循的，例如斯特藩定律——辐射与温度的4次方成正比。也就是说，辐射体的温度加倍，那它辐射出的热量也就相应增加16倍。

在一个平底盆里灌入1厘米高的冷水，然后放在太阳下。假如没有空气影响，水也没有损失热量，那1分钟之后，温度计上显示的温度将比原来高出2℃。

我们不妨假设有一层半径为一个地日距离的球形壳将太阳围在其正中，它是由厚度为1厘米的冷水构成的，那1分钟之后，它所增加的温度与上述相同。这一层壳完全围住了太阳，那1分钟之内全部的太阳辐射都被这壳吸收了。

由此可以得出6.2万千瓦/平方米的能量源源不断地从太阳表面流出，再依照辐射定律便可推算出太阳的温度。其实我们使用的是一种已在史密森天体物理学天文台有着很多年测量历史的十分精巧的仪器——太阳热量计，并不是真的用水盆和普通温度计。

实际上，我们要想清楚地了解太阳内部结构是十分困难的，毕竟我们无法看到光球以下的太阳内部。那我们就假设越向内，压力和温度就越高。1870年时，美国物理学家莱恩就计算过太阳内部的温度，他假定里面每处均处于一种平衡的状态。太阳内部下面热气体的膨胀力支撑着每一点上的物质。那么问题来了，太阳内部究竟要热到怎样的一个程度才能使它不被自己的重量压碎。

五、太阳的热源

太阳表面每平方米流出6.2万千瓦的能量。我们已经知道太阳直径是140万千米，那计算它的表面积就很容易了。用它的表面积乘以6.2万，便可知道整个太阳表面散发出的能量。"太阳已照耀了5000万年，以与现在相同的强度。"地质学家和生物学家如是说。那么我们不禁要问，这么巨大的辐射能量是从何而来的呢？

当然，光球是它的直接来源。但是必须还要有新的能量不断供给给光球，辐射才能得以维持。那么，这种仿佛拥有永不枯竭的供给，使得太阳足足照耀了5000万年的能量来源究竟是什么呢？

根据能量守恒定律可知，能量不可能凭空产生。能量可以不断改变自身形态，但宇宙间能量的总和是不变的。除非外面有能量不断地输向太阳，它自身的储备也要相应地减少。照这样推断，这个外部能量源终有一天会枯竭，太阳也会因此逐渐变暗，最终完全无光。然而，太阳已经这样照耀了5000万年，依然光芒万丈，这究竟是怎么回事呢？

第三章

· 地球 ·

对我们所居住的这个星球在天体中的地位，作一番描述显然是有必要的，纵使它并无吸引我们的地方，但它毕竟是行星之一。与宇宙间的大天体，或是太阳系的大行星相比，地球都是那么不值一提。然而，在它自己的系统中，它却是最大的。不用说，我们都知道它是人类的家园。

地球是什么？从广义上来说，它是一个直径约为10000千米的物质球体，各部分相互吸引使得它联成一体。它赤道的位置要略微鼓起，所以严格说来它并非真正的球形。由于它的表面凹凸不平，所以要想准确知道它的大小和形状就不是那么容易。

从一系列的研究数据可知地球的极直径为12713千米，赤道直径为12756.5千米，由此我们可以得出赤道直径比极直径长43.5千米。

一、地球内部

地球表面差不多是我们对其直接观察所知的全部内容。人类对其挖掘所达最深处与整个地球相比，犹如附于苹果表面的果皮一样浅。

在地表下面的矿坑中，温度随着深度的增加而增加，这是关于地球的确定事实之一。当到达地球中心时，温度又会增加到怎样一种程度呢？我们不能仅依靠表面的情形就对此问题作出解答。由于随深度增加而增加温度的同时，地球外部也在不断冷却，所以温度增加的幅度并不会太大。根据地球自存在以来一直保持着这种热量这个事实，我们可以知晓地心的温度一定更高，近地表的温度增加的比率也与深达数千米之处，甚至地球内部是保持一致的。

根据这一增加率，我们可以看出地球20千米或25千米之处的物质必定是灼热的，而当深度达到200千米或250千米时，其热度能将所有构成地壳的物质熔化。因为有了这样的研究结果，"地球是一个熔化了的大块"这一说法被早期的地质学家们提了出来。地球犹如一大块熔化了的铁，几千米厚的冷壳层覆盖在上面，而我们恰好居住在这层。火山和地震提高了这种说法的可信度。

19世纪20年代，天文学家和物理学家的一些研究结果却打破了上述说法。他们的研究表明，地球完完全全是一个固体，从内部到表面，其坚硬程度超过与其同等大小的钢。首先发展了该学说的是开尔文爵士，在他看来，假如地球是覆盖着冷壳层的液体，那月亮的作用就会是不改变水与壳的相对位置，将整个地球朝它的方向拉近，而不再是引起海洋的潮汐。

地表的纬度变迁这一奇特的现象也为这一学说提供了有力的支持。硬度不如钢的球体是不能像地球这样旋转的，那就更别说内部柔软的球体了。

如何在固体性质和强高温之间实现平衡呢？在巨大的压力的作用下，地球内部的物质得以保持为固体，这似乎是唯一合理的解释。实验结果显示，物质的熔点随压力的增大而提高。对一块达到熔点的岩石施以重压，那它仍将保持固体的形态。所以，在温度增加的同时，将压力问题考虑进去，那地球中心物质保持固体形态就是合理的。

二、地球的重力和密度

密度，也叫比重，是地球另一个有趣的问题。众所周知，同样大小的铅、铁和木头，铅比铁重，铁比木头重。地球内部深处的1立方米物质究竟有多重我们是否有办法确定呢？如果能解决这一问题，那我们就能轻松知道整个地球的质量。得依靠物质的引力才能解决这一问题。

对于万有引力效应，刚会走路的小孩都很熟悉，但是说到它的起因，就连最深刻的哲学家也无法弄明白。并非仅在地心才存在那股吸引地面上的所有物体至地心的力量，这是因为组成地球的全部物质的共同努力。这是牛顿的万有引力学说。将其学说推向更深层次的牛顿还认为，宇宙间的一切物质都是相互吸引的，而引力却随着两者距离的增加而减小，引力的大小与距离的平方成反比。也就是，距离扩大1倍，引力就要变为原来的1/4；扩大2倍，就变为原来的1/9；扩大3倍，就变为原来的1/16，以此类推。

既然如此，那一切物质自身都具有引力，我们是否能通过实验计算出这引力的大小又成了困扰我们的一个问题。数学理论显示，密度相同的球体对其表面物体的引力与其直径成比例。一个密度与地球相同，而直径为60厘米的球体，它的引力是地球重力的两千万分之一。

三、纬度的变迁

我们知道地球以地轴为中心旋转，而地轴通过地心，在两极与地球表面相交。试想一下，我们正处于极的中心，地上竖着一根棍子，那每24小时我们便会随着地球的自转而绕棍子一周。由于我们能看到星辰在周日视运动的作用下反方向旋转，所以能感受到自身的这种运动。除此之外，纬度的变迁是我们的一项重大发现。极点并不是固定的，如果我们能准确找到它，就会发现它每天都在围绕一个中心点移动，10、20或是30厘米处，有时距离中心点近，有时远。其实，它是在一个直径约为18米的圆圈中做可变而不规则的曲线运动。14个月左右，它的这种不规则运动所走的路线就正好形成这个圆圈。

我们心中不免产生疑问，地球如此巨大，要察觉出这样微妙的移动究竟是如何做到的呢？借助天文观测——这就是这个问题的答案。我们能在任何夜晚精确测量出当地铅垂线与当日地球自转轴之间的夹角。国际大地测量学会在1900年时设立了四五个观测点，它们分别位于地球的四面，旨在测量极点的变更。一处位于盖瑟斯堡，另一处位于太平洋沿岸，第三处在日本，第四处在意大利。欧美的许多地方在这之前就已完成了与之相似的测量。

1888年时，德国的库斯特奈尔最早发现这种变迁，他的发现纯属偶然，因为所进行的天文观测原本是为其他目的，却意外得出了这样的结论。在这之后，为了确定这种变迁的运动曲线，这方面的研究便一直在进行。就目前的研究成果来看，只是发现了这种变迁有的年份较明显，有的年份则较平稳。7年之中，北极点必定会在其中一年游走出一个较大的圆圈，而三四年后，它就会连续数月在中心附近徘徊。

四、大气

无论是从天文学的角度，还是物理学的角度，大气对于地球而言，都是最重要的附属品。虽然它对我们相当重要，却严重阻碍了天文学家进行精密的观测。光经过大气时或多或少会被它吸收一些，使我们观测到的天体的颜色与其真实色彩有偏差，所以就算是在极其晴朗的夜晚，我们看到的星星也比实际的要暗。经过其中的光也会被弯曲，以致其行进的路线呈微曲状，而不是直射入天文学家眼里，以致星星与地平线的距离看起来比实际位置高。当星光从天顶直射下来时是不会受到弯曲的，离天顶越远，折光越明显。离天顶45°的折光之差可达一弧分，常人用肉眼很难发现的曲折度在天文学家眼里却是极大的误差。物体离地平线越近，折光率就越大；离地平线28°时的折光率是45°时的两倍；在地平线上所看到的天体因折光引起的误差已逾半度，这超过了用肉眼看到的太阳和月亮的直径。我们在日出日落时看到的地平线上的太阳其实是在地平线之下，只是由于折光我们才看得见它。由于太阳在地平附近上半部分受到的折光率比下半部分小，水平直径看起来就较垂直直径要长些，因此太阳在此处显得略扁一些。若是有幸在海上遇见日出或日落，谁都可以见到这个由于地平附近折光率增大而引发的有趣的结果。

温带浓厚的空气中是很难见到像热带晴朗的空气里太阳缓缓沉下海去那样的美丽景观的。大气对不同颜色的光线的折射率不同，犹如一片三棱镜，依照不同的角度折射不同的光线：红、橙、黄、绿、蓝、靛、紫依此顺序折射的角度逐渐增大，由此可以看出，折射最少的是红色光线。当太阳隐没在海平面时，最后的一缕光线也依照此顺序逐渐逝去。在最后的两三秒钟，太阳残留在地平上的边缘的颜色会迅速改变，直至逐渐暗淡下来。最后消失在我们眼中的是一道绿色的闪光，它转瞬即逝。

第四章

· 月球 ·

月球到地球的平均距离是38.6万千米——这是利用多种不同的测量方法得出的一致的结论。直接测量视差是得到这一数据的其中一种方法，另一种是通过月球的绕地球运行得出这个结论。由于月球绕地球运行的轨道呈椭圆形，所以它的实际距离常出现偏差，有时小于平均距离1.6或2.4万千米，有时又大于平均距离。

地球直径的1/4稍大点就刚好等于月球的直径，准确说是3476千米。虽然月球表面不规则，但所有的研究都证实它的确是球形。

一、月球的公转和位相

或许有的读者会认为月球与地球一同绕日运行是一个相当复杂的概念，而事实上它很好理解。假如在飞速前行的火车里有一把椅子，在离椅子1米远的位置有一个人绕着椅子旋转，无论他怎么旋转也可以始终保持相同的距离，而火车的急速前行更是与他无关。正如这样，地球在自己的轨道里旋转，月球又绕着它旋转，与地球的相对距离几乎是不变的。

月球需要27天零8小时的时间才能绕地球一圈，但是两轮新月之间的时间间隔却为29天零13小时。出现这种差异是由于地球同时绕太阳公转。如图3-3所

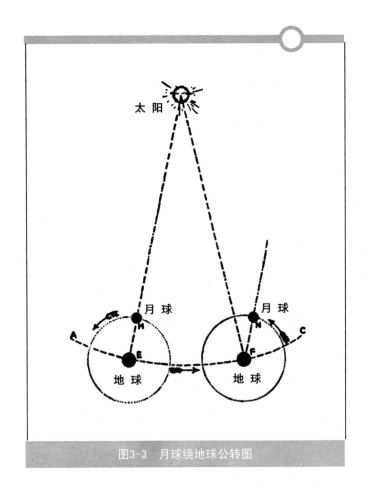

图3-3　月球绕地球公转图

示，便可清晰表明这一点。AC作为地球公转轨道的其中一段，假如当地球位于

E点时，月球处于地球和太阳之间的M点。地球经过27日零8小时，已从E点移动

到F点，月球也在自己的轨道上绕地球运行，从M点到了N点。此时，EM平行于

FN，可以看出月球已绕日公转一圈，又回到了与原来相似的群星之间的位置。

然而，太阳现在处于FS一线上，月球还得运行一段时间才能回到最初的太阳

和地球之间的位置上。这得耗费两天多的时间，因而才导致两轮新月间的时

间间隔为29天半。

依据与太阳的位置的不同，月球具有不同的位相。它自身是不能发光的，

所以仅在太阳照着它的时候，它才能为我们所见。当它处于我们和太阳之间时，朝向我们的是它黑暗的一半，此时，我们是完全看不见它的。这种情形在历书中被称为"新月"，然而，通常在新月之后的两日，我们仍不能见到月亮的身影，因为它还在黄昏中"沉睡"。月亮被照亮的一小部分恰如一弯蛾眉，开始在第二天或第三天出现在我们的视野里。人们有时也把这弯蛾眉月称作"新月"，虽然它比真正的新月晚了几天。

在这之后几天，我们便可见到月亮的全貌。从地球上反射去的光使得它的黑暗部分散发着幽幽的光。月球上有人居住的话，他一定会看到他的天空中有一轮蓝色的满月，没错，那正是地球。这轮蓝色满月可比我们看到的月亮要大的多。随着月球的一天天公转，这种地光也相应地在减少，出现上弦月时地光就彻底消失了，因为月球上有光部分的强度在不断地增加。下弦月时的情形也是这样。

月亮的上弦期是出现在历书里的新月之后的七八天，此时，月亮有一半是明亮的。之后的一星期中，月亮都被称为"凸月"。新月后的第二个星期即将结束时，月亮正对着太阳，此时的月亮明亮圆润，被称为"满月"。众所周知，在这之后，月亮的位相便会反转，继而还原成新月时那样。

我们或许会因这些是再平常不过的事情而认为不值一提，可是一位英国诗人却曾在其诗歌里描绘了这样一幅场景：蛾眉月的两尖之间悬挂着一颗星星，仿佛四周并无其他黑暗物体。不止一个诗人对东天悬着新月，而西天却挂着一轮耀眼的满月的情景进行过描绘。

二、月球表面

对于月球表面那些明暗区域，我们用肉眼也可观察到。暗的区域犹如一张面孔，也就是人们常说的"月中人"，鼻子和眼睛尤为突出。望远镜越好，观察所得就越精确，但即便是用最小的望远镜，月球表面复杂的地貌也清晰可辨，如图3-4所示。月球表面那些隆起的山是我们从望远镜中见到的第一件触目的东西。上下弦月时是观测这些的最好时机，因为那些隆起处在日出或日落照出的长影里越发凸显。由于满月时太阳光是直射在上面的，一切都被照得很亮，所以此时观察

图3-4　月球表面

是看不清的。我们虽然将这些高低不平的地方称之为山，但它们的形状却大不同于地上的山，倒更像是地上大火山的喷口。这些山最常见的形状是直径为若干千米的圆形碉堡，四周墙高也将近1000米，可中间却很是平坦，故称其环形山。重重环形山中间屹立着一个或更多的山峰，上弦月时，我们就可观察到这些围墙和中央山峰投射到中间平坦的地面上的影子。

经过观测，月球黑暗的区域比别处看起来显得平坦，所以早期的观察者假想黑暗区域是海洋，明亮区域是大陆。尽管是假想的，这些海洋都有自己的名字，雨海和澄海便是其中两个。这些假想的名称却一直沿用至今，用于标记月球上的黑暗区域。在望远镜作进一步的改良之后，这些黑暗的区域被证明不过是月球上地势低洼的平原，而月海的说法便不攻自破，至于形状的差异，不过是由月面侧影的明暗引起的。

从某些点上散发出来的明亮的光线是月球上最值得关注的景物之一，其中最显眼的光线用极普通的望远镜也能观察到。这么多美丽的光线都来自月球南极附近的第谷环形山旁，这个光线的中心点看起来犹如被敲破了的月球的空隙里布满熔化了的白色物质。因此，有人认为月球上曾经大火山肆虐，只不过如今都化为云烟了。目前，并没有一个定论来解释这些美丽光线的成因，"由陨石轰击月面造成"是其中一种说法。

三、关于月球上水和空气的疑问

月球上是否有水和空气呢？科学家给出的答案是否定的。假如月球上大气的密度仅为地球大气密度的1%，那么当星光略过月面时就会产生折射，我们也能发现它的存在。而事实是，我们毫无折光迹象可循。若是月球上存在水，那在凹处或低洼地带必定能见其踪影。如果赤道区域有水流动，那它反射太阳光时就会被我们发现。

地球上的生命全都依靠水和空气来维持，所以探究月球上是否存在水和空气都是为了证实是否有生命的存在。

月球上毫无水和空气的情形是我们在地球上无法体会到的。可以肯定的是，月面未来除了经历新的太空陨石的撞击，将不再有任何其他变化。地上的某块石头常年受到来自风和水对其进行的轮番折磨，免不了被解散和重开，最终被分解为沙子和土壤，这就是风化的过程。然而，月球上的气候终年无变化，一块石头在千千万万年之后仍是当初的模样，不会受到任何的损害。月球就是这样一个死寂的世界，除了偶尔遭受流星的撞击，不会发生任何事情。

四、月球自转

在古代，围绕月球是否自转这一问题引发的争论可不少，所以在这里，我们的解释是很有必要的。月亮呈现在我们眼前的始终是相同的一面，这是我们都知道的，由此可以看出其自转周期和公转周期相同。由于对运动概念的理解不同，所以在认知上产生了分歧，就有人会认为月球是不存在自转的。在物理学中，通常用在物体除转轴外的任意方向上穿过一根直线，看这根直线是否始终保持同一个方向的方法来辨别物体旋转与否。若方向不变，便可得知它是不旋转的。现在，我们也来假设有根线穿过月球，如图3-5所示，若它是不自转的，那无论它处于公转轨道的哪个位置，这根线都始终指着同一个方向。由图可知，若非月球自转，那它表面的各个部分都将被我们一览无余。

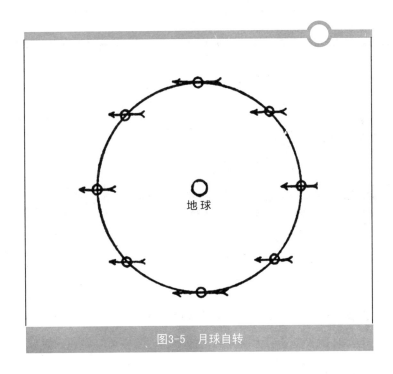

图3-5　月球自转

五、月球对潮汐的作用

住在海边的人对于潮涨潮落是再熟悉不过的了。月球经过当地子午圈45分钟后，海水便迎来高潮，由此可看出与月球的周日视运动是一致的。也就是说，假如月亮位于空中某处时涨潮了，那么当月亮再次到达此处时又会引起高潮，日日年年，如此重复。月亮的引力作用于海洋引发了潮汐，它对所在下方的海水具有吸引力，这是我们很容易明白的。不明白的是，为什么一天会涨潮两次，并且正对着月亮和背对着月亮的两边都要涨潮。我们之前讲到的引力作用对解决这个问题或许有用。我们知道，距离越远，引力越小，也就是说，离月亮越远，所受的引力也就越小。因此，离月亮近的那面受到的引力比背面的大，而这种引力的差异使得地球像被拉扁了似的（如图3-6），正对和背对月亮的方向正是扁的方向，潮汐也就由此引发。

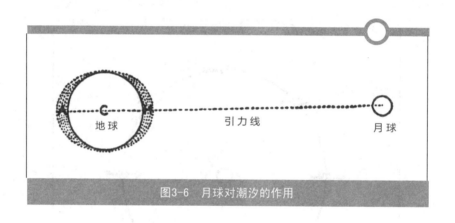

图3-6　月球对潮汐的作用

一些运动规律必然会因对这情形的完善解释而被提出，但是我们并不打算在这里探讨此问题。我不得不提醒大家的是，若是月亮对于地球的引力始终作用于同一个方向，那几天之后将上演月亮撞地球的惨剧。庆幸的是，月亮绕地球公转，也就时刻改变着引力的方向，使得它一月中最多将地球拉到离平均位置约5000千米的地方。

或许会有人提出这样的假设，月亮引起潮汐的原理是这样，也就意味着我们总是在月亮位于子午圈时迎来高潮，位于地平线上时迎来低潮。然而，有两点原因足以说明事实并不是这样。其一，地球上的水体无比巨大，具有极其强大的惯性，使得潮汐现象有所延迟，无法与月亮位置的变动相一致。月亮离开子午圈后，这潮汐运动仍在继续，与已经脱手的石子仍要向上冲是一样的道理。大陆的阻隔是第二个原因。潮水遇到大陆时方向便会顺着大陆的改变，需要一定的时间才能完成这个点到点的转向。所以，一旦对比各地的潮汐情况，我们就会发现其存在不规则性。一般情况下，延迟的时间正好是我们之前说到的45分钟。

与月亮一样，太阳也同样会引起潮汐，只不过作用没那么明显。新月和满月时会出现最高潮和最低潮，因为太阳和月亮位于一条线上，引力共同作用，因此住在海滨的人称其为"大潮"。上弦和下弦时潮水既不会涨很高，也不会落太低，人们将其称之为"小潮"，这是太阳的吸引抵消了部分月亮的吸引的缘故。

第五章

·月食和日食·

一、月食

月亮进入地球的阴影中时（如图3-7）便称之为月食，而月亮在太阳和我们之间经过时则叫做日食。下面我们就对其出现时的有趣现象及其规律作一番详细的介绍为何不是在所有满月的时候都可以见到月食呢？地球的阴影始终背对着太阳，这是不变的事实。然而，满月时，月亮有时从阴影的上方经过，有时是从下方，所以没有被蚀。原因是月球的轨道面倾斜于黄道平面5°，地球刚好在黄道平面上运行，此时的阴影中心也恰好投射在上面。在天球上画出黄道，再画出月球在天球运行的轨道（白道），我们很快便可看出月球轨道和太阳轨

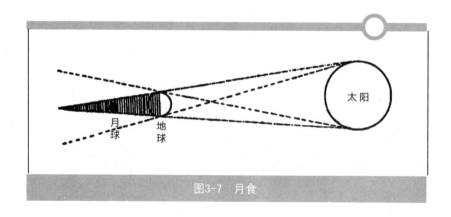

图3-7 月食

道交于相对的两点，交角为5°。这两点被称作"交点"。一个交点叫做"升交点"，在这点上，月球由下往上移，也可以说是由黄道南移至黄道北。另一交点叫做"降交点"，月球在这点上的移动方向则相反。

（一）食季

随着地球的公转，连接太阳和地球和这根线的方向也将有所改变，所以一年内它将经过黄白交点两次。意思就是，假如我们在天上画出两交点，那么当太阳沿黄道向东旋转时，一年内它将依次经过这两交点。太阳和地球的阴影分别同时经过一个交点。一年内只有两次发生日食或月食的几率，大概每6个月一次。"食季"持续一个月左右，这意味着从首次出现月食到最后一次月食出现的周期大概为一个月。

若黄白交点在黄道上的位置是不变的，那月食只会发生在固定的两个月份。然而，在太阳对地球和月亮的引力作用下，交点位置朝着地月运动相反的方向不断地改变。18年零7个月的时间内，两个交点将向西旋转绕天球一周，食季也会在这一周期里倒转一年。一般说来，每年约比上一年早19天。

（二）月食景象

倘若在月食开始时就观察月亮的变化，那就能发现它的东面边沿在逐渐变暗，直至完全看不见，如图3-8所示。随着月亮的不断前行，阴影逐渐吞噬月面，黑暗部分也不断加大。若是观察够仔细，就能看到藏于阴影之下的那部分，它们还发着幽幽的光，并不是完全消失了。阴影将整个月面都吞噬掉了这种情形称为月全食，只吞噬了一部分则称为月偏食。全食时，始终照在月面上的微弱的光由于没有其他明亮物体的干扰而越发显得清晰。由于地球大气对光线的折射而形成了这种暗红色的光。太阳光线在与地球擦过或经过地球表面附

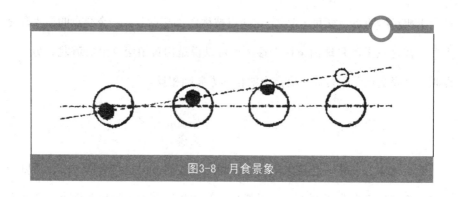

图3-8　月食景象

近时都会被折射，然后投到阴影里，之后投射到月面。这光之所以为红色，是因为波长较短的绿色和蓝色光线都被浓厚的大气给吸收了，波长较长的红色却顺利穿过了——这与形成落日红色的原因相同。

每年会出现两三次月食，其中就有一次是全食。而这一景象只有恰巧处于月光之下的那半球上的人们才能观赏到。

当发生月食时，我们完全可以想象出月球上的观测者便能欣赏到地球所造成的日食。他对于我们所描绘的这番景象知道得相当清楚。在月球上看到的地球肯定比我们看到的月球大很多，直径甚至是太阳的三四倍。由于太阳光太过耀眼，所以在刚开始时这么大的物体靠近太阳是无法看见的。这样一来，观测者眼中呈现的只是一个看不见的球状物体截去了太阳光线。当地球几乎将太阳全部遮住时，地球大气折射所生成的红光环绕在其周围，此时，它的全部轮廓便可为观测者所见了。直至真正的太阳光彻底消失时，所能看到的只剩一个明亮的红光环，它将地球这个黑暗的球状物圈住。

月食与日食两者发生时的情形差异很大。月食发生时，地球上处于月光之下的全部人们都可以看到。当月亮在升起前就已经蚀去了时，我们会看到蚀去的月亮与落日同时悬挂在东、西地平线上这一奇特景象。这情景好像与我们提到的太阳、地球、月球在一条直线上的理论相悖，其实不然，当它们其中一个位于地平线以下，又受地球大气层折射的作用时，我们就能同时看到它们了。

二、日食

在月球刚好运行在黄道平面上这一前提下，每当新月时，便会经过太阳面。但偏偏在太阳正靠近黄白交点之一时这种情况才会发生，这是因为它的轨道是倾斜的。假如此时我们恰好处于适当的位置，那便可观赏到日食（如图3-9）。

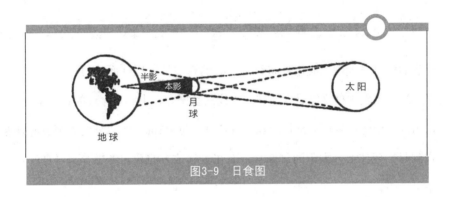

图3-9　日食图

月球能否完全遮住太阳面成为它经过太阳面时的第一个问题。除了关乎这两个天体的真实大小外，视觉大小更为重要。太阳直径大约是月球直径的400倍，这是我们都知道的，但同时，它与月球的距离也恰好远了400倍左右。在我们看来，完全不同的两个天体却如双胞胎一般大小，这真是有趣。轨道并非规则的圆形致使月亮看起来时而大，时而小。大时可以将太阳完全遮住，小时却无能为力了。

在任何看得见月亮的地方所看到的月食情形是相同的，而日食却因观测位置的不同而有所差异，这是月食和日食最大的区别。月球中心恰好覆盖住太阳中心的日食称为"中心食"，这也是最有趣的日食。观测者需在连接日月中心的那根直线所在的位置上才能观赏到这种日食。假如此时月球的视界大于太阳，便会将太阳完全遮住，这便是日全食（如图3-10）；假如此时太阳的视界大于月球，月球便会在中心食时被一圈太阳光环绕，这便是日环食。

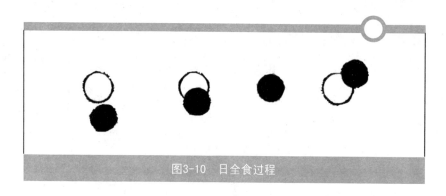

图3-10　日全食过程

我们可以在地图上画出连贯日月中心的直线掠过地球面时的路径。在航海历书中最早出现这种描绘日食区域和路线的地图。在中心线穿过的路径南北160千米以内的地区，也可见到日全食或日环食。位于160千米以外的观测者就只能观赏到月亮遮住部分太阳的日偏食，而在更远地方的观测者想看到日食就是完全不可能的。

（一）迷人的日全食

日全食如此动人的美景是大自然对人类的馈赠。假如能站在看得很远且刚好是朝着月亮出来的那边的高地上，那对充分欣赏日全食的迷人之处是大有裨益的。即将发生非常事件的首个信号出现在太阳圆面上，而非地面或空气里。当历书中所预测的某个时刻来临时，一个小小的缺口便会出现在太阳的西部边缘。缺口慢慢变大，仿佛正将太阳一点点地吞噬。太阳的这样逐渐消逝使得某些民族幻想是龙将其吞吃掉了，一点也不值得奇怪。

也许在接下来的一小时内，我们眼中的情景都只是月亮的黑影在不断地扩大，逐渐将太阳面上的地盘都占为己有。此时，站在大树旁的观测者便会看到光线穿透树叶间的缝隙投射到地面的影像里显出偏食的太阳，这真是有趣的现象。不一会儿，太阳就如同新月一般了，却是一轮逐渐缩小的新月。此时，双眼对于那逝去的光辉还是适应的，因而在新月变得极为狭小之前这暗影仍旧依稀可见。若是观测者的望远镜带有专门用于观测太阳的滤光镜，那他便可借着仅存的太阳发出的与平常一样的柔和且一致的光辉，从另一角度观测月亮上的山，这绝对是一个极好的机会。然而，月亮上山的轮廓在被月面蚀去的那一边却显得参差不齐。

月亮上陡峭的山峰在太阳即将逝去之时到达了其边界，从月面的凹处透出仅存的一串碎片或光点。这时的太阳犹如一枚闪耀着光芒的钻戒，这便是只有一两秒，随后就完全消失的迷人的"贝丽珠"景象。

由于日光消逝，原本的白昼竟宛如黑夜，漫天的繁星竟也可在离太阳稍远的天空中见到，这真是一场奇观啊！极黑的月球高高挂在天上，取代了本应在中天的太阳。一圈灿烂的光辉——也就是我们之前提到过的日冕——环绕在月球四周。这在肉眼看来也是极为明亮的，若是使用倍率低的望远镜趣味将更浓，要是有一副看戏用的玩具望远镜也是不错的。这景象最美的一部分在大望远镜中是无法呈现的，因为其只能观测到日冕的一部分。所以，从这个层面来讲，一副放大10倍或12倍的便宜的小望远镜反而更实用。它不但对我们观测日冕有用，也能使我们见到那犹如从黑暗的月亮上喷射出来的形状各异的红云——日珥四处盘旋起落。

（二）古代的日食

需要注意的是，日食这种现象在古代的历史记录里很难找到真实的记载，尽管古人对此是极为熟悉，并知道其发生的原因，甚至能预测出其发生的周期。中国古史中对某时某地发生的日食常有记载，然而却未详述其特点。亚述学家在古文件里考证出一段关于公元前763年6月15日发生于尼尼微的日食记载，而天文年表也证实当时尼尼微以北约160千米处确有日全食的阴影经过。

泰利斯日食或许是古代最为有名且争论最大的一次古代日食，而古希腊史学家希罗多德的记载是其主要历史依据。据说在吕底亚人与米堤亚人交战时，天色瞬间变暗，两军被迫停战却因此促成和平。也有说古希腊哲学家泰利斯曾将白昼将变为黑夜的预言告诉过希腊人，还具体说明了是哪一年。公元前585年的确发生过日全食，这从天文年表中得到了证实，与那次战争的时间极为接近。然而，现在我们知道是在日落之后日食的阴影才到达他们的战场的。对于此事真相的疑问至今都还存在。

（三）日冕

只有在日全食时才能见到的日冕是由极端稀薄的气体组成的，它是日全食时最美丽的部分。太阳周围的这种珠光伴随着真正的全食出现，又与全食一同消逝。日冕的形状与太阳黑子数目的增减有明显关系，其错综复杂的结构从照片中可以看出来。日冕在黑子高峰期时在太阳各方向上的范围都基本一致，这时的日冕犹如一朵向盘外各方向展开花瓣的天竺牡丹。日冕在太阳黑子最少期时，犹如从两极生出的弯向赤道的短穗。

第六章

· 水星 ·

　　现在以距太阳的远近来讲解我们已经知道的大行星。首先是水星，若不是因其特殊的位置，我们几乎无法将它归为大行星，因为它是八大行星中距离太阳最近，也是最小的一颗。其直径比月球多50%，体积却是月球的3倍多——因为它的体积与直径呈立方比。

　　在大行星中，水星轨道离心率最大，但仍比不过一些小行星。离心率也使得水星围绕太阳转动的运动轨道变化很大，近日点距离太阳不到4700万千米，远日点却大于6900万千米。它的公转周期少于3个月——实际上只有88天，所以它一年内要绕太阳转动4次有余。

　　地球绕太阳公转一次的时间里，水星绕太阳公转了4次有余。它与太阳的"合"也依照一个规则的周期，虽然这个周期与地球的不一致。如图3-11所示，内圆代表水星轨道，外圆代表地球轨道，通过该图可表示水星的视运动规律。当地球在点E，水星在点M时，水星与太阳在下合点上。经过3个月再次回到点M时，水星却并没有下合，因为地球已经运动到了其他地方。当地球在点F，水星在点N时，又再次出现下合。这种由一个下合到另一个下合的周期称为行星的"会合周"。水星的会合周比其公转时间多1/3还多一点，因此，MN的弧度略小于圆周的1/3。

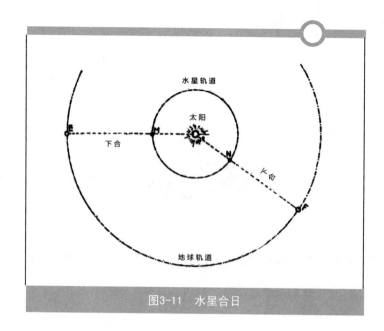

图3-11　水星合日

如图3-12所示，假设地球在点E，水星差不多在最高点A上，这是从地球这一点来看，水星距太阳最远——专业术语叫做"大距"。若水星在太阳的东面，便会沉没在太阳之后，而人们则可以在日落后的半小时到一小时内，从西天淡薄的云雾中看到水星明亮的身影。在反方向的点C附近时，水星位于太阳的

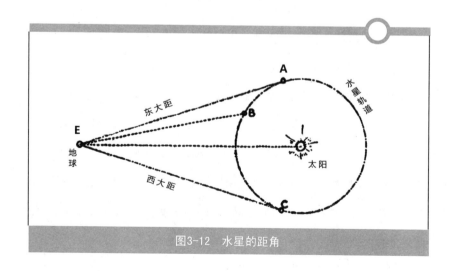

图3-12　水星的距角

西面，因此会在日出前闪耀在东方的晨曦中。所以，在东大距，也就是春季，水星作为昏星存在，在西大距，也就是秋季，水星作为晨星存在，且在这两个位置上，最便于观测水星。

一、水星的外形

使用望远镜观测水星的最佳时间，是春季暖融的傍晚和秋季清爽的黎明。当它在太阳东面时，可在下午的任何时候通过望远镜观测到它，但被太阳搅乱的空气会产生一定影响，因此这个时刻并不能得到满意的观测结果。待再晚些时候，躁动的空气平复下来，则利于观测水星。但日落之后，它会陷入愈渐浓郁的大气之后，只留下模糊的影子。由于这种种不利条件，使得水星的观测成为了一个难题，观测到的水星表面也说法不一。

在历史中，有一段时期差不多所有的观测者都认为水星的自转无法确定。到了1889年，斯基亚帕瑞利使用精巧的望远镜，在意大利北部的天空中经过细致的观测，得出了水星状貌始终没有变化的结论。根据这个结论，他又得出水星永远以同一面面对太阳，如同月亮永远以同一面面对地球的一样。而罗尼尔在亚利桑那的弗拉格斯塔夫亚天文台观测到了同样的结果。

如同月亮对地球，水星对太阳的位置也经常在变换，因此它也具有圆缺的位相。被阳光照射到的半球能被看见，而背对太阳的另一面则隐藏在黑暗中。水星上合，即太阳在地球与水星之间时，明亮的部分完全对着我们，如满月般，使我们能观测到像月亮一样的圆盘。在此之后，水星经过东大距移向下合，此时暗部将越来越多地显露，亮部则慢慢减少。但是，此时反而可以更好地观测水星的亮部，因为在这个过程中它会离我们越来越近。

长久以来，人们都观测不到水星上的日光折射，因此人们也认为水星上没有大气。

二、水星凌日

若内行星与地球在同一平面上绕太阳转动，那每次下合时都能观测到从太阳表面经过的内行星。但事实并非如此，因为2颗行星并不在同一平面上。在所有大行星中，水星的运行轨道与地球运行轨道之间的偏斜度最大，所以我们可经常看到水星在南边或北边与太阳擦肩而过。若水星在下合时接近地球与水星轨道的一个交点，我们就可以从望远镜中观察到"水星凌日"，即水星以一粒小黑点的姿态从太阳表面经过。这种现象的时间间隔从3～13年不等。天文学家对"水星凌日"很感兴趣，因为通过这一现象可极其准确地测定水星进入和离开太阳圆盘的时刻，并推导出水星的运动规律。

1631年11月7日，加桑迪第一次观测到水星凌日，但其观测工具的简陋使得这一结果毫无科学价值。比较具有价值的是1677年哈雷在圣海伦岛上的观察结果。从此之后，对于水星凌日现象的观测就被继承了下来[1]。

1677年以来，通过对水星凌日的观测，人们发现水星的轨道居然在慢慢改变！而影响其改变的原因一度被归咎于受其他行星影响。通过精密的理论计算发现，这并不是主要原因——水星近日点比理论计算前进了43角秒之多——这个误差在1845年被勒威耶发现，他在海王星被发现之前，以用数学方法计算行星位置而闻名。勒威耶还曾预测太阳与水星间存在另一个行星，他将其命名为火神星。他通过计算得出火神星会罕见地越过太阳盘面，这时可通过其投射在日面上的影子观测到它。但1877年，他去世了，在他预言的火神星将要越过日面的日期之前。也许这也是一种幸运，他不会知道自己的失败。在那一天，所

---

[1] 1937年5月11日，水星从太阳南部擦过。欧洲南部可观测到，美洲则在日出前观测到这一现象。1940年11月10日，美国西部可观测到水星凌日。1953年11月14日，美国全境可观测到水星凌日。——译者注

有的望远镜都对准了太阳，但未出现任何火神星的影子。此外，在约1860年的时候，法国一名乡间医生勒斯加波用一架小型望远镜观测太阳表面，并宣称他观测到了预言中的行星。而另一位有经验的天文学家在同一天只观测到一颗黑子。也许就是这颗黑子使得这位医生认为自己观测到了火神星。此后的许多年，许多天文学家在不同的地点天天观测太阳，进行摄影，但对火神星的存在仍旧一无所获。

但我们仍然可以认为确实存在一些小行星在这个区间运行，只是它们太渺小，以致经过太阳面时我们都观测不到。若果真如此，那这些行星的光亮一定隐藏于天光之下。所以，在日全食——天上没有一点光的时候，我们应该能有机会观测到。所以每当有日全食，就有观测者用精密的摄影仪来寻找它们，而最终在1901年的日全食时，得到了终结答案——在太阳附近拍摄到约50颗星，有的只是已知的8等星。所以，几乎可以确定在水星轨道内绝对不存在比8等星更亮的行星。若真有这样的小行星，其数量要达到几十万才能使水星偏离轨道，若真有几十万颗，那这一片区域会被照得比其他地方都明亮。这一结果可以反驳水星近日点移动是受更内的行星影响。

第七章

• 金星 •

在所有的星状物种，除了太阳和月亮，金星最明亮。在晴朗无月的夜晚，金星的光辉甚至可以照出影子。若观测者拥有锐利的双眼，则可在白昼，当它接近子午圈时，使用肉眼观测到它，前提是太阳不在它附近。金星在太阳东面时，我们可在西方的天空中见到它，日落前其光辉都比较黯淡，随着日光的减弱，它却渐渐明亮起来。当它位于太阳西面时，会在太阳升起之前出现在东方的天空中。因此，它也被称为昏星和晨星。在古代，作为昏星的它被称为长庚，作为晨星则被称为启明。相传，古人并不知道这2颗星其实是同一颗行星。

即使使用低倍率的望远镜也可观测到金星与月球一样存在圆缺的位相变化。伽利略第一次通过望远镜观测金星时就发现了这一点，这也使得他更坚信哥白尼日心说的正确性。按照当时的风俗，他把这一观测结果写成一个谜语："爱的母亲正与辛西娅争赛面相。"

金星的会合运动与水星非常相似，这里不再赘述。图3-13为金星在会合轨道各点上的大小，当它由上合移向下合时，视觉上的圆盘增大，亮部可见部分逐渐减小，暗部逐渐增多，到下合点时，整个暗部面对我们，使我们无法进行观测。金星最亮的时候位于下合与东大距正中，此时，若金星在太阳的东面，则可观测到它比太阳晚两小时沉没；若在西面，则比太阳早两小时升起。

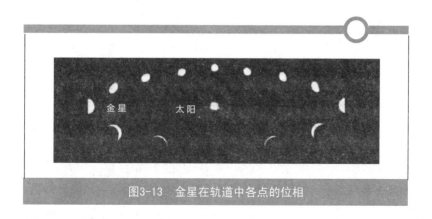

图3-13 金星在轨道中各点的位相

一、金星的自转

金星的自转从伽利略时代就一直吸引着天文学家和普通大众的兴趣，得到这个问题的答案却费了一番周折。由于这颗行星很亮，因此通过望远镜也无法观测到其清晰的表面，所能看见的只是略有明暗差异的亮光，就像观测一个颜色稍微有些暗淡、却打磨光滑的金属球。但仍旧有一些观测者认为他们辨别出了一些明暗的斑点。

1667年，卡西尼根据这些假定的斑点，断定金星绕内轴自转一周不超过24小时。18世纪中期，意大利人布朗基尼发表了一篇很长且附带许多插图的论文讨论该问题。这篇论文的结论是，金星要花24天以上才能自转一周。而1890年，斯克亚巴列里则得到了一个不同的结论，他认为金星自转一周的时间与绕太阳公转一周的时间相等。如同月亮以一面对着地球一样，金星也只以一面对着太阳，他每天观测几小时，发现金星南半球上的一些微小的点一直没有移动位置。这一观测结果推翻了金星24小时左右自转一周的说法。罗尼尔在亚利桑那天文台观测研究过后，也同意这一观点。

为何细心的观测者在观察了金星的表面特征之后，对于金星的自转却得出了不同的结论？这是因为这些表面特征太不明显。

二、金星的大气

现今大家都承认金星周围包裹着一层大气，这层大气比地球的大气还要浓厚。这是1882年本书著者在好望角观测到的一种有意思的情景。当时金星的一半多一点经过太阳表面，它的外边缘变得明亮，但却不是从弧形的中心点，而是从靠近弧一头的一点上开始变亮。普林斯顿的罗素对此作出了解释：因为金星的大气中蒸汽太多，导致不能从直接的折光中看到阳光，只能见到飘在大气中被照亮的云或蒸汽。有鉴于此，地球上的天文学家很难透过这些浓厚的大气去观测金星本身，所以那些假定的斑点也只是不停变化中暂时出现的一些斑点。

我们可通过一个例子来说明欺骗观测者的幻象。一些观测者认为金星下合时会出现类似"旧月抱新月"的景象，但我们知道，旧月抱新月产生的原因是月球的暗部反射了从地球反射过去的日光，而金星上却不会有反射光映照其上。有人解释说，这也许是因为金星上覆盖着一层磷光，但这种说法并不可靠。观察者看到的幻象时间是白昼，这时的天空非常明亮，磷火之类的光在这时根本不可见。并且，无论金星的光源来自哪里，黄昏以后它都应该比在白日里更容易让人看见。但事实并非如此，这也证明了这些幻象并不真实。

这种幻象也证明了一条有名的心理规律：通过常见的事物能在想象中制造出相似但不存在的事物。在观测金星时，我们也将与月亮相似的一些特点不知不觉加诸在了金星上。

三、金星凌日

金星凌日在天文现象中十分罕见，平均60年一次。从过去到未来的数百年中约有一个循环周期，即在大约243年间出现4次金星凌日。一循环周期的时间间隔为105.5年、8年、121.5年、8年，此后又开始按照这个时间间隔循环。目前已测的金星凌日日期为：1631年12月7日、1639年12月4日、1761年6月5日、1769年6月3日、1874年12月9日、1882年12月6日。①

　　以前为了根据金星凌日更好地确定地球与太阳之间的距离，许多人都对这一现象十分感兴趣。由于这种现象十分罕见，因此常常有大规模的观测。1761年和1769年，重要的沿海国家都派遣了观测者到世界各地记录金星进入和离开太阳圆面的准确时间。1874年和1882年，美、英、德、法都组织了大规模的观测团。1874年时，美国观测团分布在北半球的中国、日本、俄罗斯和南半球的澳大利亚、新西兰等地。1882年，由于在美国就能看得见金星凌日，因此这些观测团没有进行远征，仅在南半球的好望角等地观测。这些观测对于确定金星的运动价值颇高，不过后来有了更可靠的观测方法，这些观测方式也就没有价值了。

———————————

① 近年来的金星凌日日期分别为2004年6月8日和2012年6月6日。——译者注

第八章

·火星·

近些年各个国家对火星的观测热情高涨，它的大气、气候以及其他特点，都使我们十分关心其上面是否存在原始生命。现在我要讲解一些关于火星的已知的知识，通过这些知识我们可以知道火星表面没有生命体存在，但其地表和地冠中是否存在原始细菌，则需要进一步对火星进行考察。但是，有一点可以确定，火星上并没有人们猜测中的智慧生物。

首先讲解一些特点，让我们更好地认识这颗行星。火星公转周期为687日，即差43日满两年。若周期刚好为两年，那么火星就会在地球公转两次的时候，绕日公转一次，我们也会有规律地每隔两年见到火星冲日。但因为它走得比较快，地球就需要再花上一两个月去追上它，因此每隔两年零一两个月才能见一次。这多出的一两个月在8次冲日后集满一年，因此，在15或17年后，火星冲日又回到同一天，在轨道中的位置也与之前差不多。而在这期间内，地球已公转了15或17次，火星只有八九次。

两次冲日之间存在的1个月左右的时间差，是火星轨道极大的离心率造成的。这种极大的离心率只有水星可匹敌。火星的离心率为0.093，将近1/10，所以它在近日点时比平均距离近1/10，在远日点要远1/10。火星冲日时与地球的距离也不同，因此在近日点和远日点的冲日也更不同。若冲日时，火星在近日点附近，火星与地球的距离只有5600万千米，在远日点时则要大于9600万千米。这导致在有利观测火星冲日的时候[1]，比在不利观测火星冲日的时候[2]，火星要亮3倍以上。

火星冲日很容易辨别，因为火星的光特强且显红色，这与大多数亮星不同。但奇怪的是，在望远镜中却看不到肉眼能看到的红光。

一、火星表面及其自转

约在1659年，惠更斯从第一个望远镜中识别出了火星表面的变化特性，并绘制了一幅图，这幅图中所示的火星特点直至今日仍被认为是正确的。仔细观察这些细节可知，火星绕轴自转一周所需时间约比地球的24小时还多37分钟。

火星的自转周期比地球以外的其他行星更精确。200年来火星都按照这个自转周期转动，并且我们没有发现可变动的理由。由于火星的自转周期比地球只多出37分钟，导致在连续夜晚的同一小时，火星几乎以同一面对着地球。可又由于这多出来的37分钟，每天对着地球的面都有一点差别，待40日后，其将完全以崭新的一面对着地球。

关于火星的已知情况都可绘制在一幅图中，包括明暗区域和时常看见的包着两极的白冠。当一极偏向地球和太阳时，白冠将逐渐减小，当一极远离太阳时，白冠将逐渐增大。而增大的情形在地上并不能看见，当再次看到它时，它已经比之前的大了。

二、火星的运河

1877年，斯克亚巴列里发现了"运河"，这些"运河"是在火星上纵横交

---

① 大概在八九月。——译者注
② 大概在二三月。——译者注

错、参差不齐、比表面略黑的条纹。而且在人类翻译史上，由翻译失误引起的误会恐怕要数它最甚。斯克亚巴列里将这些条纹称为canale，这个词在意大利文中指水道，这是因为他认为那些黑暗区域是火星上的海洋，并且他假设连结这些海洋的路线都充满水，因此将其命名为水道。但将canale译为英文cancel后，却有了"运河"的意思。这种词义上的小小变动，使得所有使用英语的人认为是火星上存在智慧生物创造了运河，正如人类在地球上创造的运河一样。

而这些"水道"在天文权威之间，一开始也存在异议。因为从地球上看，这些表面的条纹并不是一致的清晰，而火星上明暗的不同，各个区域之间只有微不可查的亮度差异，使得其更加不清晰，很难让人为其绘制出相应的轮廓。连分辨它们都勉为其难，更何况在不同光亮、不同大气状态下，它们的形貌也在变化，这使得绘制其轮廓更像天方夜谭。

在罗尼尔天文台的观测者所绘的图中，这些由细密黑线标出的运河多得像一张包裹住火星的网。而在斯克亚巴列里绘制的图中，这些运河更像宽阔的暗部地带，没有那样清楚和细密，并且在水道相交的地方都有一个圆点，像一个圆形的湖。

火星上很清楚的特色是一块大而黑、近乎圆形的斑点，其周围为白色，被称为"太阳湖"。所有观测者都认同这种叫法，他们还大致认同从这个湖中分出的一些条纹和水道，但对这些水道的数量和周围环境却不认同。另一特色是一块被称为"大席尔蒂斯"的三角形黑斑，这块黑斑由著名物理学家惠更斯第一个绘出。

经过许多天文学家的观测和成功的摄影，火星上存在"运河"已无异议。总体来说，现在所见比早期观测者所见要更宽阔一些，但也更不规则不精美。我们认为这些"运河"是自然非人工的景物。火星上曾有过洪水，这些可十分清楚地看到受过侵蚀的河道就是最好的证明，火星上甚至还可能存在过大湖和海洋。但这些大湖和海洋只出现在距今约40亿年前，并且只存在了很短的时间。

因此，火星表面也存在许多有趣多变的形貌。在除地球以外的所有行星中，它的表面最适合用望远镜观测，其呈现的红色背景常使人联想到荒漠，在这块背景上有一些大块的蓝色区域，被称为"海"，正如月亮上的海一样，虽然没有人认为这些地方真的有水。连接这些"海"的就是"运河"，这两个旧时的名字也一同延续了下来。

三、火星的卫星

1877年霍尔在海军天文台发现了火星的2颗卫星，因其异常渺小，在此前的观测中都未曾发现它们。没人会想到卫星会那样小，因此也没人费心去寻觅，但当它们被发现之后便很难让人忽视。对它们的观测要根据火星在轨道中的位置以及相对地球的方位。在火星接近冲日时，有三四个月甚至六个月的时间可以观测到它们。在近日点附近的冲日时，甚至可用直径不到30厘米的望远镜看到它们，而能看到多大的卫星，则根据观测者的技术和火星上的光亮而定。一般来说，一架直径30～45厘米的望远镜是很必要的。若没有火星的光辉影响，甚至可从更小的望远镜中看见它们，而由于这层光辉，使得这2颗卫星中，只有外层的一颗比较容易被看见——即使内层的那颗更亮。

霍尔将外层的卫星命名为"火卫二"，将内层的卫星命名为"火卫一"。这两个都是古神话中战神的侍从。火卫一有一个特点，它与火星的距离在太阳系所有卫星与主星的距离中最短，从火星表面算起只有6000千米，绕火星一周只用7小时39分，比火星自转时间的1/3还少。所以，从火星上观看时，这颗"月亮"从西方升起，从东方降落。火卫二的公转时间为30小时18分，这使得它在一起一落间要花费将近两天时间。火卫一离火星表面只有6000千米，若未来我们能移民火星，那移民中的天文学家一定对它非常感兴趣。

这2颗卫星是我们在太阳系中看得见的最小的天体，或许还有更小更暗的小行星。通过光度推测，火卫二的直径为8千米，火卫一的直径为16千米，我们看它们就像从纽约看波士顿空中悬着的苹果。

这2颗卫星目前的最大用处是帮助天文学家计算出了火星的准确质量——只有地球质量的1/9。我们将在后面讲解行星质量的章节中论述怎么计算。

第九章

· 小行星群 ·

太阳系中火星和木星的轨道间有一个巨大的空隙，在确定各行星的准确距离后，这引起了天文学家的注意，特别是当波德发表了他的定律后。问题是，这段空隙是本来就存在，还是在其中有一些未被发现的小行星？

意大利天文学家皮亚齐回答了这个问题。在西西里的巴勒莫，他有一座小天文台。由于他热衷于观测天文，根据自己望远镜中可观测到的恒星制作了一个恒星位置表。1810年1月1日，他在原先空无一物的地方发现了一颗星作为新世纪的开幕礼。这颗星不久被证明就是那颗众人寻觅的行星，被称为谷神星。

那时人们惊异于谷神星的渺小，在知道其轨道以后，又惊异于其很大的离心率。新的发现接踵而至——在谷神星被发现后还未完成一周的公转时，不来梅的医生奥尔伯在其闲暇时的天文观测里，发现了与谷神星在同一天区内运行的另一颗行星。原本以为在那之间会是一颗大行星，却不曾想接连发现了2颗如此渺小的行星，因此，奥尔伯猜测，这2颗小行星也许是一颗大行星的碎片，若真如他所说，那在此之间一定还有许多其他的行星碎片。这一猜测的后半部分已被证明——在接下来的3年中，又发现了2颗小行星。

约40年后即1845年，德国观测者亨克发现了第5颗。下一年第6颗被发现，此后这样的小行星接连不断被发现，现已超过两万颗。

一、捕获小行星

在1890年以前，这些小行星都由少数观测者发现，他们像捕猎者一样尤其注意这些小行星。他们把黄道附近小块区域的星辰图绘制并记下来，然后等着那些小行星自投罗网。只要出现即是小行星，然后捕猎者将它们都记录下来。

在大约1890年，人们发现通过摄影能更方便发现这些小行星。天文学家将望远镜对准天空，打开定时装置，用半小时左右的曝光时间拍摄星辰。真正的恒星会在底片上显示为一个小圆点，而若包含行星，其影像就是一条短线。只靠照片就能搜索到行星为天文学家节省了大量时间，也使行星的发现变得更加容易——从拖长的影像即可辨认。海德堡的沃尔夫使用这种方法发现了500多颗行星。

新近发现的小行星大多极其暗淡，数量也随着暗淡程度在增长。在望远镜所及的范围内，推测有一万颗这样的小行星，其中较大的小行星在望远镜中也只呈星似的小点，即使用最得力的工具也不容易看见其圆面。小行星中谷神星最大，直径770千米，还有12颗直径超过160千米。最小的只能根据光度粗略推测其大小，直径大概有32～48千米。

二、小行星的轨道

有些小行星轨道的离心率很大，如希达尔戈星，其轨道离心率为0.65。也就是说，在近日点时它与太阳的距离比平均距离小2/3，在远日点时多2/3，在离太阳最远的地方和土星与太阳的距离差不多。轨道倾斜太大也容易被注意到，有的超过了20°，希达尔戈星是43°。

之前认为这些小行星来自一颗大行星炸裂碎片的猜测已被抛弃，因为这些轨道占领的边界过宽，若这些小行星当初真的是一体，不可能会出现这样的情况。根据现代哲学，这些行星从开始就与这片星空同在。根据星云假说的理论，所有行星物质从前都是环绕太阳运行的云状物质的环。其他行星都是由环中物质逐渐集中于一点形成的星，而环的不集中则形成了这些散落的小行星。

根据钱柏林和莫尔顿的星子假说，这些小行星由较少的比大行星小的星碰撞而成，因此有些没有圆而偏斜的轨道，也使得之后又产生了多次碰撞。

三、轨道的分群

这些小行星的轨道有一定的规律，可给我们提供它们由来的线索。我曾经说过：行星轨道都近似圆形，但太阳并不在圆心。假设我们从无穷高处俯视太阳系，且将小行星轨道看做精细的圆圈，这些圆圈会相互交织形成一个较宽的环，外环的直径比内环直径大一倍。

假设我们把这些圆圈当做可拿起的丝线，并做一些改动，使太阳为中心，大小不做改变，那么，那些较大的轨道直径几乎要比较小的多一倍，这些圆圈就要占据很宽的空间。但它们并不会均匀分布，而是聚集成不同的群，主要分布规律如图3-14所示。从图中可以看出，每一个小行星都在一定周期内绕太阳公转一次，离太阳越远，这个周期便越长。由于轨道的全圆周是

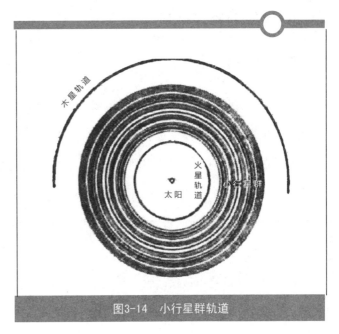

图3-14 小行星群轨道

129.6万秒，用其除以公转周期，所得的商即为行星平均每日运行的角度，这个角度叫做该行星的"平均角速度"。小行星的平均角速度从300~1100秒以上，角度越大，公转周期越短，离太阳也就越近。

　　根据小行星轨道分布，可以将其分成五六个群，最外层的平均角速度在400秒与600秒之间，离木星最近，公转周期也有8年之久，之后是一道空隙，到560秒才又开始发现10颗小行星，这10颗小行星位于540秒与580秒之间。越靠近木星，小行星数量越多，但在700秒、750秒、900秒时却只有很少甚至没有小行星。这也正是奇怪的地方：这些空隙都是小行星运动与木星恰好形成简单关系的地方。一颗平均角速度为900秒的行星绕太阳一周的时间是木星的1/3，平均角速度为600秒的是1/2，750秒的是2/5。根据天体学定律，若一颗小行星与其他小行星有上述的简单关系，其轨道会由于相互作用而产生很大变化。所以，第一个指出这些空隙的柯克伍德假设这是因为空隙中原有的小行星不能保持其轨道。但又出现了奇怪的现象：在通约数为木星2/3或相等的地方不但没有空隙，反而有成群的小行星。

四、爱神星

　　在这些小行星中有一颗非常特别，让人特别关注。1898年以前观测到的数百颗小行星都在火星和木星的轨道之间运行，但在这一年夏天，柏林的威特发现了一颗在近日点时进入了火星轨道内部小行星，其已在距地球轨道2200万千米以内，他将其命名为"爱神星"。这颗小行星轨道离心率很大，在远日点时又逃到了火星轨道外。而且，爱神星与火星的轨道如锁链的两环相结，若轨道真如铁丝，就会连套在一起。

　　爱神星倾斜的轨道常使其脱出到黄道带以外。在1900年接近地球时，它竟跑到了北方，在北纬中部都不曾见它从地平线落下，而且经过子午圈时也位于天顶以北。这样特别的运动使我们很久之后才发现它。当它在1900～1901年接近地球时，我们对它进行很仔细的考察，发现它的光度每小时都在改变，且在规则的周期——5小时15分。之前有人猜测这颗星实际是2颗互相围绕着转动的星，但最近的猜测表示，爱神星光度的变化，是由于向着地球的那半球上明暗区域在变化。也有人猜测除爱神星之外的小行星，是因为自身的绕轴自转而发生光度变化，但这一切只是猜测。

爱神星在科学上充满趣味，当它离地球很近时，这个距离甚至可被测量得极其准确。并且，根据这个距离不仅可以更准确地测出其与太阳间的距离，还可以测出全太阳系的大小，并且这种方法比其他方法更可靠。唯一遗憾的是，它靠近一次地球的时间间隔太久。

第十章

· 木星 ·

太阳系中太阳最大，其次就是木星。木星被称为"巨人行星"，在外形和质量上比其他行星加起来还要大3倍。但与我们星系中央巨大的发光体——太阳比起来，木星还不到其1‰。

木星冲日时[1]，在晚间的天空中能看到它的颜色与光彩，这时的木星是除金星之外最亮的星状物[2]，其白色也容易与火星区分开。若使用一架小型望远镜或只是质量很好的普通望远镜，就会发现它不是星状的小点，而是一颗较大的球体。并且还能看见类似暗影的两条带子横呈在木星的圆面上，如图3-15所示，这是两百多年前惠更斯发现并画出来的。使用更大的望远镜观测可发现，这些带状物是一些斑驳的云状物，并且每月甚至每夜都在变化。若每夜或每小时对木星进行观测，可发现它在约9小时55分内会绕轴自转一次，所以天文学家可在一个晚上观测其全部表面轮廓。

这颗行星有两个引人注目的特色，第一是其圆面上光度不均匀，越到边缘光度越暗，光线在靠近边缘的地方并不刺眼，而是柔软地散开。在这一点上与火星

---

[1] 大概每13个月出现一次。——译者注

[2] 有时火星会比它亮。——译者注

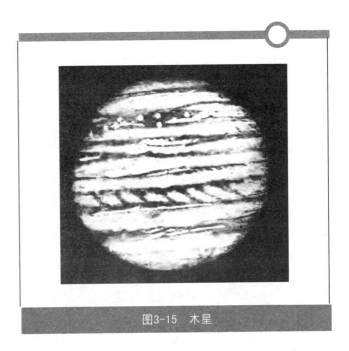

图3-15　木星

和月亮形成对比，一般认为是围绕木星的厚密的大气使其边缘比较阴暗。第二个特色是木星的形状——它不是正圆形，而是像地球一样两极较为扁平，但扁平程度更甚。从其他行星上观测地球，很难发现地球与正圆形的差异。木星之所以有这么显著的扁率是因为它绕轴自转速度较快，致使其赤道部分凸起。

一、木星的表面

从望远镜中观测到的木星表面形貌，与我们大气中的云一样多变。木星上延长云层的形成原因也与我们大气中云层形成的原因相同——空气流动。在这些云之间常可见白色圆斑，有时还能看见淡红色的云，特别是在靠近赤道的位置。而在小望远镜中呈现为两条黑带的，则是在赤道南和北的纬度中部区域的云，这里的云最暗最清楚。

木星的外貌与火星几乎没有一点相似之处，最显著的是其始终在变化的形貌。火星的形貌可以被精确绘制，并经过一代代人验证，但要绘制一幅木星的形貌图却毫无可能。但即使这样，还是有一些地方经过许多年都未改变，特别是1878年出现在木星南半球纬度中部的红色大斑点①。

二、木星的结构

还没有一种假说可说明木星的结构，其最值得注意的是非常小的密度。木星直径为地球的11倍，体积比地球大1300倍以上，但质量却只比地球的300倍多一点。所以，它的密度比地球小，只比水的大1/3。通过简单的算术可知木星表面的重力约为地球表面重力的2～3倍。根据这个结果，我们可假设它的内部被极度压缩，密度较大。若木星也是由固体和液体构成，那么我们的假设就比较可靠。以事实作结论，其外层就应该是一层气状物质。

木星变幻多端的形貌可作为它周围包裹着大气的证据，而我们还有另一个十分可靠的证据说明它的自转规律。木星与太阳有一点相同，虽然赤道的圈子更长，但这里的自转周期比北纬中部地区的自转周期短，相差5分钟——赤道部分9小时50分以内自转一周，而纬度中部需要9小时55分钟才自转一周。也就是说，这两部分速度的差约是每小时320千米。表面为液体或固体的木星绝不会出现这种情况。

三、木星的卫星

当伽利略第一次将他的小望远镜指向木星时，他惊喜地发现了木星的4个"小同伴（卫星）"，通过夜夜守望，他发现这4个同伴都围绕着木星旋转，正如行星围绕太阳旋转。这与哥白尼日心理论相似的结构有力地支持了日心说。

不但可通过普通天文望远镜看见这些小天体，甚至通过廉价的玩具望远镜

---

① 现在这种斑点天文学家们称其为"大红斑"。

也能看见。有人甚至宣称靠肉眼都观测到过它们。木星的光辉太强，使得通过肉眼观测其卫星比较困难，若没有木星，它们一定与肉眼能见的最小的星一样明亮。

木星的这4颗卫星分别名为Io、Europa、Ganymede和Calliso，但平常却根据它们距木星的远近来称呼它们。木卫二比月亮小一点，木卫一比月亮大一点，木卫三和木卫四的直径为5100千米，比月亮大约50%，是太阳系中最大的卫星，甚至比水星还大。但它们与太阳的距离比日月距离大5倍，因此它们一起照射在木星上的光还不到月亮照射在地球上的1/3。它们像月亮永远以一面面向地球一样，也永远以一面对着木星，也就是说，它们自转与公转的周期相等。

1892年以后巴纳德在里克天文台发现了第5颗卫星[①]，此前只知道这4颗。新发现的这一颗比前4颗更接近木星，也更暗淡。它的公转时间不到12小时，是除火星内层卫星外已知的最短公转周期，但这个公转周期比木星的自转周期长一点。而木卫一的公转周期是42.5小时，最外面一颗的公转周期差不多为17天。

木星的卫星中，位于外面的4颗轨道离心率都比位于内部的大。这些卫星也比较小，直径在约160千米或以下，只能用大望远镜才能看见。有些人认为外层的卫星与内层卫星的来历不同，有些天文学家认为它们也许是被木星的引力捕捉到的小行星或彗星。

这4颗外层卫星在绕木星旋转时会产生许多有趣现象，这些现象即为"食"和"凌"，通过小型望远镜即可观测到。木星与其他不透明物一样有自己的影子，在卫星运动到木星背日的一面时，必然要从阴影中经过，而木卫四和更远的卫星有时例外。当一颗卫星进入阴影时，它将逐渐暗淡变得不可见。当这些

[①] 佩林分别于1904年和1905年，在里克天文台发现了第6和第7颗木星的卫星。之后科学家马上又发现了更远的2颗，卫星总数已达到9颗。1908梅洛特在格林威治天文台发现了木卫八，1914年尼科尔森在里克天文台发现了木卫九。——译者注

卫星运动到亮面时，会从木星的圆面上经过，且在刚进入圆面时看起来比木星更亮，这是因为木星边缘较暗。但当接近中央部分时，却又没有后面的木星亮——并不是因为木星的亮度有变化，而是木星中央部分比边界明亮，这在之前也提到过。

卫星的影子也同样有趣，这种情形下，卫星投射在木星上的影子看起来就像一个伴随着卫星运动的黑点。

这些现象，包括影子"凌日"，都在航海历书中有所预见，因此观测者可清楚地知道何时能观测"星食"和"凌日"。

而最早被发现的4颗卫星中最内的一颗，其星食不到两天就会发生一次。观测者可根据这一时刻来判断自己所处位置的经度。首先，他需要将自己的表与地方时调成一致；其次，比较观测到的卫星凌木时刻与历书中预告的格林威治标准时刻；最后，按照本书《经度与时间》一章中的方法，即可根据差异得出当地的经度。

但这个方法并不精确，约有1分钟的误差，或者说在赤道上约有24千米的误差。

第十一章

· 土星 ·

　　在行星中，土星的大小和质量仅次于木星，它每29.5年绕太阳公转一周。当它可被观测到时，观测者能一眼将其认出，因为它的光微带红色并且固定，不像周围的恒星一样闪烁。

　　土星不如木星明亮，但围绕着它的巨大光环却使它成为太阳系中最漂亮的行星。虽然有的行星也有光环，但像土星那样巨大且美丽的光环独一无二。这个光环对早期的观测者来说是个谜，伽利略觉得它们像土星两面的"把手"，一两年后就消失不见。而现在我们知道，这是因为土星在沿着轨道运动时，这些光环恰好正对着我们，以至于使用望远镜都看不见。但这种现象在当时却让伽利略很是疑惑，他以为自己受到了幻象的欺骗，竟停止了对土星的观测。待他年纪渐老，把观测工作委托给别人，不久之后这两面"把手"又出现了，但他们仍旧不理解这是什么。40多年后，，身为天文学家和物理学家的惠更斯才解答了这个问题，他说这颗行星周围有很薄的呈平面的光环，这光环并没有与土星接触，但与黄道倾斜。

一、土星的物理性质

　　土星的物理构成与邻近的木星相似，同样也以非常小的密度引人注意，而土星的密度甚至小于水的密度。另一相似之处是自转迅速，土星自转一周需约10小时14分，比木星自转周期多一点。其表面也似包裹着变幻无常的云状物，但较暗淡，因此同样看不清楚。

我们说过的关于木星密度小的原因，也可应用在土星上——大概是这颗行星有一个较小但质量较大的中心核，周围裹着一层极厚的大气，而我们观测到的只是这层大气的外层。

二、变化的土星光环

巴黎天文台于1666年创立，在路易十四时期是法国的一大科学部门。卡西尼在这里发现了土星光环的环缝，从此知道光环实际为在同一平面上的内外两道光环。而恩克又发现了一道可将外层光环一分为二的环缝，叫做恩克环缝。恩克环缝只有一道轻影，没有卡西尼环缝清晰。

为了清楚表示土星光环的变化状态，我们先画一幅假设垂直看向光环时它的形状图，如图3-16所示，实际上我们办不到。我们要先注意卡西尼环缝，它将光环分为内外两环，外环较窄，在外环上我们还能看到那道模糊的恩克环缝。内环的内侧渐渐变得暗淡，其中一道灰暗的边叫做"土星暗环"。哈佛

图3-16 土星光环

天文台的邦德第一个将土星暗环描绘出来，这道环在很长一段时间内一直被认为是独立的一道光环，但之后的观测推翻了这一观点。这道暗环只是连接着外面的环，外面的环也渐渐漂移到这道环上。

　　土星光环向土星轨道平面倾斜了27°，并且在土星公转的过程中仍保持着在空间中的方向不变，如图3-17所示，此图为土星绕太阳公转的远观图。当土星在点A时，太阳光照射在光环北方，即上方。7年之后土星到达点B，光环的边向着太阳。经过点B之后，太阳光又照射在了南方，即下方，偏斜度逐渐增加直至火星到达点C，此时的偏斜度最大，约有27°。之后光环向着太阳的倾斜逐渐减小，到达点D时，光环的边缘再次对着太阳。从点D到点A再到点B，太阳光又再次回到北方。

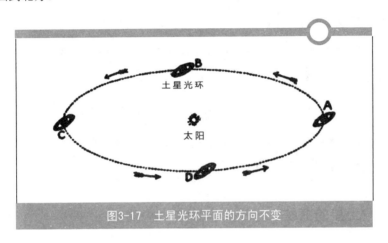

图3-17　土星光环平面的方向不变

　　与土星相比，地球离太阳太近，使得在地球上观测土星光环就像从太阳上进行观测一样。我们有15年的时间可看见光环的北面，在第7年可观测到它在最大角度上。随着年份的增加，角度越小，光环也开始以边缘对着地球，最后缩成一道横过土星的线，直至完全看不见。消失一段时间后，又开始慢慢出现，展现出光环的南面，经过15年再度成为一线，乃至看不见。就这样，每30年一个轮回。

　　当我们知道了光环的相关概念，便不难了解其形状。从我们的角度来看，这些光环永远以不超过27°的角度倾斜着。光环倾角越大，就越利于我们观测，此时是能清晰观测环缝与暗环的最佳时机。土星的影子会投射到背后的光环上，使光环看上去像出现了一个缺口。而在亮部，光环会在土星上投射出影子，看上去像光环内环上的暗边。

三、光环的本质

土星光环使我们认识到牛顿力学定律并不适用于天体运动，是什么使这个光环保持在这个位置上的呢？又是什么保持着这个平衡，使得土星不会撞向光环毁坏掉这个美丽的结构？在还未有相关的观测数据出现时，大家就已明白，光环绝不像看上去那样连城一片，在土星的巨大引力下，这些构成光环的类似卫星的环绕行星的小物体之间不可能保持联系。在很长一段时间内没有足够的观测数据来证实这种观点，直至基勒用分光仪观测土星时才发现，当光环的光散成光谱时，暗光谱线会发生移动，这表明光环各部分都在绕着土星做圆周运动，最外层角速度最慢，越内层角速度越快。而光环上每个点的速度与该点上的卫星的速度相等。

四、土星的卫星

除了光环之外，土星还有众多的卫星，它们的大小和离土星的距离都不同。通过小型望远镜可看见叫做泰坦的土卫六，最小的卫星只有在精密的望远镜下才能看见。

惠更斯在观测土星光环的本质时发现了泰坦，这其中还有一个有趣的小故事，这个故事直到惠更斯的通信文集公开后才被世人所知。这位天文学家为了保障其发现的优先权不被他人知道，于是按照惯例将这个发现藏在了一个谜语里。这个谜语由字母按照一定的排列构成，能够隐晦地告诉读者这颗卫星每15天绕土星运行一周。他将这份谜语寄给了英国著名的天文学家沃利斯，沃利斯在回复中除了感谢他的关心，还写了另一个更长的字母谜语。当惠更斯向沃利

斯解释了自己的谜语后，沃利斯的回复让他大吃一惊，因为沃利斯的谜语解释
的也是惠更斯的发现，只是用的字母不同罢了。后来人们才明白，这位专门摆
弄数字的沃利斯想告诉惠更斯，将谜语隐藏在这类字母中毫无意义，因此在看
懂了惠更斯的谜语后，沃利斯又造了一个由不同字母组成的同样意义的谜语给
惠更斯。

1655年，惠更斯在宣布发现了泰坦之后，就开始庆祝太阳系已被发现完
整。因为当时的发现恰好七大七小，刚好是一个神奇数字。然后在之后30年
中，卡西尼打破了这一结论，因为他又发现了4颗土星卫星。在此之后又过了
100年，著名的赫歇耳又发现了2颗。1848年邦德在哈佛天文台发现了第8颗。[①]

下表是这些卫星与土星以千米为单位的距离、公转周期表和发现者姓名。

编号	名称	发现者	发现年份	与土星距离（千米）	公转周期（天）
土卫一	Mimas	赫歇耳	1789	186000	0.94
土卫二	Enceledus	赫歇耳	1789	238000	1.37
土卫三	Tethys	卡西尼	1684	295000	1.89
土卫四	Dione	卡西尼	1684	377000	2.74
土卫五	Rhea	卡西尼	1672	527000	4.52
土卫六	Titan	惠更斯	1655	1222000	15.95
土卫七	Hyperion	邦德	1848	1481000	21.28
土卫八	Iapetus	卡西尼	1671	3561000	79.33

这张表中最引人注意的是，这些卫星间的距离非常远，内层5颗卫星自成一
体，较内层4颗卫星的公转周期间有一种奇妙的和谐关系。在土卫五和土卫六之
间是一个巨大的空隙，这个空隙的距离比土卫一与土星之间的距离还远。在这

———

① 1898年皮克林发现了第9颗。土卫九距离土星12 952 000千米。——译者注

个距离之外就是土卫六泰坦和土卫七海伯利安，之后又是一段很长的空隙，比海伯利安与土星之间的距离还要远。在这个距离之外，是土卫八伊阿珀托斯。

而这些卫星间的公转周期也十分有趣，土卫三是土卫一的2倍，土卫四又是土卫二的2倍，而土卫六泰坦周期的4倍几乎正好是土卫七海伯利安周期的3倍。最后这2颗星周期之间的关系，使得它们因引力产生了奇怪的相互作用，我们可以用图3-18来表示这二者的轨道。靠外的土卫七海伯利安的轨道离心率很大，假设这2颗卫星和土星相合在一条直线上，泰坦在点A，海伯利安在点a。65天以后，泰坦经历4次公转，此时海伯利安经历3次公转，它们又会与土星相合在一条直线上，这次的位置与之前的位置很接近——泰坦在点B，海伯利安在点b。第三次相合的地方会在Bb线更上一点，依次类推。实际上，它们相合时的距离比我们绘制的还要接近一些，而每隔19年，它们的相合点又会回到Aa线上。

这些相合点绕着圆周移动，导致海伯利安较长的轴也随着这些相合点转动，所以即使在这2颗星的轨道相离最远的地方，也会发生相合。图3-18中的虚

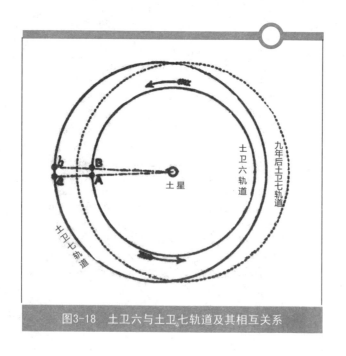

图3-18　土卫六与土卫七轨道及其相互关系

线即表示海伯利安轨道如何在9年内绕了半个圈子。

　　据我们所知，这种有趣的作用在太阳系中独一无二，但土卫一与土卫三，以及土卫二与土卫四也许也会有类似的相互作用。

　　土星光环中的物质与卫星之间的相互作用还存在惊人的一面：除了最外层的2颗卫星，其他物质都在同一平面上。若没有太阳引力的阻碍，这些物质的轨道在几千年内会被拉扯到不同的平面上，并且对土星轨道保持同样的倾斜角度。但它们之间相互作用，使得轨道都保持在同一平面上，就像紧紧依附着土星一样。另有一点值得注意的是，土星最外层的卫星同木星最外层的2颗卫星一样，也从东往西转动。

第十二章

·天王星·

　　按照与太阳的距离远近来算，天王星是大行星中的第7颗。这是一颗可以让目光敏锐的人在不借助任何人工辅助工具的情况下都能看见的行星，前提是这个人准确地知道天王星在天空中的位置，不被其他星辰蒙蔽。

　　1781年威廉·赫歇耳发现了这颗行星。起初他以为这只是一颗彗星的核，但在细心观察之后发现，它的运动并非彗星的运动，因此赫歇耳高兴地确认自己发现了一个太阳系的新成员。为了感谢他的捐助人——乔治三世，他提议将这颗星命名为Georgian Sidus，这个名字在英国使用了将近70年。由于欧洲许多天文学家认为应该以发现者的名字命名，因此它常被称为"赫歇耳"。到了1850年以后，由波特提出的"天王星"一名成为公用名。

　　当对这颗行星的轨道进行测定，并绘制它以前运动过的路径时，人们发现它在大约一百多年前就已被观测并记录了下来。在1690～1715年间，英国的弗兰斯蒂德在编制恒星表时，就已把它当做恒星记录了5次。而更奇怪的是，巴黎天文台的勒莫尼耶在1768年12月和1769年1月两个月内记录了它8次。但勒莫尼耶从未比较研究过自己的观测结果，所以当赫歇耳宣布发现这颗新行星时，他才发现这桩至高的荣誉被他捏在手里10年却被白白错过。

　　天王星的公转周期为84年，所以在一年之中它在天空中的位置几乎没什么改变。天王星与太阳之间的距离是土星的2倍，为19.2天文单位（地日距离），换算成常见单位是287100万千米。因为它的距离太远，所以其表面特征很难被观测，在精良的望远镜中它呈现为一个略带绿色的灰白圆面。

一、天王星的卫星

天王星的4颗卫星可用普通的天文望远镜观测到。根据离天王星的远近，分别名为阿里尔、昂布里特、提坦亚、奥伯伦，其距离为30.9～94.3万千米。

这些卫星被确认的历史比较坎坷，除了2颗较亮的卫星，其他4颗赫歇耳在1800年以前也时常看见，因此在50多年的时间里，人们都认为天王星有6颗卫星。而在此之前，还没有人制造出比赫歇耳的望远镜更精确的望远镜。

在大约1845年，英国的拉塞尔制造出了两部更大的望远镜，一部口径为61厘米，另一部为122厘米。他把较大的一部运到了马耳他岛，以便在地中海晴朗的夜空里进行观测。他和他的助手经过对天王星的仔细观测，得出赫歇耳假设的候补卫星并不存在的结论。同时他还发现了另外2颗离天王星非常近的新星，这在以前是观测不到的。在此后的20年里，欧洲的观测者们反复地寻找这2颗星，但由于一直没找到，所以有些天文学家怀疑它们是否真的存在。直到1873年冬季，这2颗星才又被华盛顿海军天文台新制造的66厘米望远镜发现，并且其运动与拉塞尔观测到的一致。

这些物体最引人注目的是其轨道几乎垂直于天王星的轨道，其结果是，天王星的轨道上有相对的两点，这里的轨道在我们看来就像一条线。当天王星靠近其中一点时，从地球上可看见那些卫星像钟摆一样，从南向北又自上而下地在行星两边纵跳。在这颗行星前进的过程中，这些轨道也在我们的视线里慢慢舒展开。再20年又能垂直地看到它们，它们的轨道几乎变成了圆形，此后又随着行星的前进渐渐成为一条直线。

第十三章

·海王星·

　　根据与太阳之间的距离，海王星排在天王星之后，其大小与质量也与天王星相似，但与太阳相距30天文单位。投射其上的微弱阳光使其更不易被人发现，除非借助一架至少为中等的望远镜，在肉眼下根本无法看见。同样，前提是观测者能分辨出天空中无数相似的星辰。

　　只有使用精度很高的望远镜才能看见海王星带有蓝色或铅色的圆面，与天王星的海绿色截然不同。由于这颗行星的圆面上看不到什么标志，所以无法直接观测它的绕轴自转方式。在分光仪的观测下，它的自转周期为15.8小时。

　　1846年海王星的发现被认为是数学和物理学的伟大胜利。人们由它加诸在天王星身上的引力就已经知道它，虽然那时没有任何证据可以证明它存在，而这个发现过程非常有趣，所以需要简单地叙述一下。

一、海王星发现史

　　19世纪最初的20年里，巴黎著名的数理天文学家波伐准备制作木星、土星和天王星的新运动表。他运用拉普拉斯的算法得出这些行星会因为相互间引力的作用而使轨道产生误差，并成功地绘制了与观测结果相吻合的木星、土星运动表，但他怎么也绘制不出符合天王星运动的表。若他仅以赫歇耳的观测数据为蓝本还勉强可进行绘制，但显然不符合天王星还被认作是恒星时弗兰斯蒂德和勒莫尼对它的观测结果。所以他抛弃自己已观测的数据，重新排定轨道并发表了运动表，但不久之后天王星被发现离开了算定的位置，于是天文学家们都认为其中必有蹊跷。

这样的局面一直维持到1845年，巴黎的勒威耶忽然想到也许天王星受到另外一颗未知行星的影响。于是他开始计算产生影响的行星会在哪条轨道中运行，然后将所得的结果提交给了法国科学院，这时已是1846年夏。

而在勒威耶开始计算之前，剑桥大学的一个英国学生亚当斯也产生了同样的想法，也开始了同样的计算工作，并且他比勒威耶还要先一步计算出结果，随后将之提交给了英国天文学会。这两位都计算出了未知行星的位置，所以只需在指定区域内寻觅，即可将该星与其他恒星区分开。但那时天文学会的艾里对这些并不怎么相信，而且他不认为这样能寻找到新行星。直到勒威耶的计算结果出来才引起他的重视，两个结果相近的报告也引起了人们的注意。

剑桥大学的天文学家查利斯在那一片区域进行了很彻底的观测，在当时的条件下，单凭目视望远镜在茫茫星空中寻找一颗微小的行星十分不易。需要反复确认许多其他星辰的位置，从而检测其中是否有一颗在移动。

在查利斯进行观测时，勒威耶给柏林天文台的伽勒写了一封信，告知他这颗行星的推定位置。很巧的是，当时柏林的天文学家正好绘制了一幅部分星空图，而此行星就存在于这部分星空中。所以，在接到信的当晚，这些天文学家就一边通过望远镜观测星空，一边与绘制的星空图进行对比，试图找出不在星空图中的那颗行星。不久这颗行星就被发现了，并且经过与周围恒星的对比，仿佛它也有轻微的移动。谨慎的伽勒决定在第二天晚间证明他的发现，而在第二晚，那颗星已经移动了很长的距离，于是伽勒立马写信告知勒威耶这颗行星确实存在。

这件事传到英国之后，查利斯再次检查了自己的观测，这才发现其实他已两次观测到过这颗行星。但他从未对观测结果进行研究比较，在柏林天文学家证实之后才知晓。而天文学家也将发现海王星的荣誉颁给了勒威耶和亚当斯两人。

二、海王星的卫星

海王星的发现使得全世界的天文学家开始了对其的观测，不久，拉塞尔就发现了一颗直径约2700千米的卫星陪伴着海王星。

这颗卫星距离海王星约35.5万千米，几乎与月亮和地球之间的距离相同，但它的公转周期只有5天21小时，这说明海王星质量是地球的17倍。

这颗卫星从东向西转动，其轨道近似圆形，并向海王星的赤道倾斜20°。由于海王星赤道上有一部分隆起，因此在约600年间，在轨道倾斜度不变的情况下，这颗卫星向东方轻移了一周。这种退行速度能帮助我们计算出隆起部分的量，但这个量太少，以至于我们无法从海王星的圆面上观测到。

第十四章
·如何测量天上距离·

　　一些物体间的位置需要靠特殊方法测量，比如山峰，如图3-19，可通过已知的点A和点B，来测量无法到达的点C。天体间距离的测量方法也一样。工程师在点A处测定AC、AB所成的角，再到点B处测定AB、BC间的角，而这3个点围成的三角形内角和永远为180°，那么减去角A和角B的度数，即可得知角C的度数。点C处的角度也称为"视差"，也就是将AB作为基线时，CA和CB间的夹角。任何一个学过初等几何的读者都能够用他们所具备的三角形知识算出点C到点A和点B的距离。于是我们也就能根据已知的两个天体的位置来测算需要测量的天体的位置。

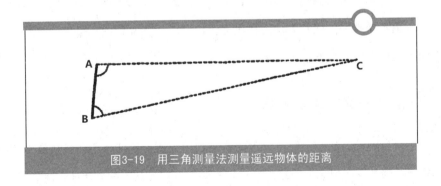

图3-19　用三角测量法测量遥远物体的距离

　　仔细思考这种测量方法，我们会发现，若以AB为基线，视差越小物体的距离就越远。在一定的距离之外，视差会远到难以让人发现，所以若以赤道直径作为基线来测量遥远的星球，会发现BC和AC几乎指向同一方向。这种测量方法取决于两点，一是基线的长短，二是测量角度的精确程度。

在所有天体中，月亮离地球最近，因此具有最大的视差。若以地球赤道半径作为基线，这个视差角度几乎要达到1°，因而月亮与地球之间的距离可被精确计算出来，因此出生于公元二三世纪的托勒密都能据此计算大致的月地距离。但是，要测量太阳和行星的视差，则需要精良的仪器。

基线的两端可以是地球上的任意两个地点，如格林威治和好望角天文台。此前我们提到过金星凌日，地球上各地的天文观测机构会发表金星凌日开始和结束时，金星相对他们的方向。通过这诸多数据的互相支持，人们即可计算出较精确的金星或太阳的距离。这种通过视差来测定距离的方法叫做"三角测量法"。

只需要知道在给定的时刻某个行星与地球之间的距离，即可计算出整个太阳系的尺寸。历代天文学家几乎已精确绘制出了所有行星的运动轨道，这幅图如同城池图一般极为准确，但却缺少比例尺或千米数。也就是说，在不知道比例单位的情况下，我们无法计算这张图中两点之间的距离，这也是天文学家们所或缺的。

天文学家要得到的基本单位，也就是地球到太阳的平均距离。而"三角测量法"也不是唯一的测量方法，在过去已出现了一些其他的测量方法，其中一些比"三角测量法"更精确。

一、根据光的运动测量

后来出现的方法中最简单有效的就是利用光速。地球位于公转轨道中的不同点时，我们通过对木星卫星的蚀进行观测，发现光从太阳到达地球时需要500秒。还有一种利用光行差的测定方法，也就是地球和光线的联合运动产生的星的方向的细微改变，这种方法得出太阳光到达地球的时间为498.6秒。根据最新公布的数据，光的速度为299792.458千米/秒，使用这个速度再乘以498.6，就可以得出地球和太阳的距离约为14950万千米。

二、根据太阳的引力测量

第三种测量方法是根据太阳对月球的引力作用。太阳对月球引力作用的结果是：在上弦月时，使月球位于比平均位置慢两分钟多一点的位置上；在望月时正好在平均位置；而在下弦月时，又位于比平均位置快两分钟多一点的位置上；在朔月时，又落后到平均位置。这种引力使月球相对于地球的位置产生了轻微的摆动，而这种摆动的量恰好与太阳的距离成反比。所以，算出这个量就基本能知道与太阳的距离。

像其他天文测量一样，这个量的测量难度非常大，并且很难在不出错的情况下进行测量。此外，对于测量在给定距离内太阳会产生多大的影响也是一个天体力学的难点，至今也没有让人满意的结果。

第四种方法仍然依赖引力。只需知道太阳与地球间质量的关系，也就是说，若能精确测定太阳比地球重多少倍，也就能算出地球需要离太阳多远才能一年环绕它一周。

三、地日距离的测量结果

我们已经描述了4种基本测量方法，为了使读者了解天文中理论测量所能达到的深度和精确度，我们单独给出了这些方法的测量结果。第一列是太阳视差，这是天文学家实际使用的数，也是从太阳看向地球赤道半径时的夹角，紧随其后的是以英里①为单位的距离。

----

① 英里：英美制长度单位。1英里约等于1.6千米。——译者注

测量视差：8.800；距离：92908000英里

光的速度：8.778；距离：93075480英里

月球的运动：8.784；距离：92958000英里

地球的质量：8.762；距离：93113000英里

这些结果的不同应该归结于数学公式和测量仪器精确度的不同。而根据不同方法却得出了相近的结果，使得我们可充分证明宇宙中的这一天文观点的正确性。然而超过十万英里的差异是不被天文学家们容忍的。

第十五章

· 行星的引力与质量 ·

我们已知道行星围绕太阳运动的相关情况，但行星按照轨道运行只是受到了万有引力的作用，而非它自身的基本定律。牛顿的万有引力定律认为任意两个质点通过连心线方向上的力相互吸引。该引力的大小与它们的质量乘积成正比，与它们距离的平方成反比[①]。到目前为止没有任何外力作用可改变物质的引力，两物体间的引力完全相等。即无论对这两个物体施加何种操作，如添加障碍物、增大间距、改变运动速度，这两者间的引力总是相等。

行星之间的引力又影响着他们的相互运动，即使只有一颗行星，它也会因为太阳的引力而围绕着太阳继续旋转下去。根据纯粹的数学计算可知这样的行星会以太阳为焦点，沿着椭圆形的轨道一直运动。这些行星间也会产生相互的引力，这种引力比太阳的引力小得多，因为行星的质量比太阳要小得多。这些相互的引力使得行星逐渐偏离椭圆轨道，最终形成的轨道与椭圆轨道非常相近。并且，行星的运动问题又涉及一场数学的演算，自牛顿以来这个问题就吸引着世界上一代又一代的数学家们，后来者不断对前人的成果进行修补。牛顿之后的100年，拉普拉斯与拉格朗日对行星椭圆轨道的位置变动做出了更完善的

----

① 公式为：$F = G \dfrac{M_1 \cdot M_2}{R^2}$

解释，并且可提前几千、几万甚至几十万年预算出这些变动。

我们现在知道地球对太阳轨道的离心率在缩减，在此后的4万年中也将一直缩减，然后再增加，待几万年后会变得比现在大。其他行星也一样，它们的轨道在数万年中也在不停地改变。正如"永恒的伟大时钟，其以年计正如我们以秒计"，若没有数理天文学家对行星运动惊人的准确计算，也无法使读者对千万年的预言信服。这种准确的数据来源于对每一颗行星加诸在其他行星上引力的计算。

我们以前假设这些行星都在固定的轨道中，从而来预算它们的运动，并且没有考虑其他行星的引力影响。这时的预算结果就经常出错，虽然只相差几分之一度，但长此以往差错就会更大。但将其他行星的引力都计算在内后，预算的准确度与现代最精密天文仪器的观测结果也相差无几。而海王星的发现史就给我们提供了通过计算进行可靠预算的例证。

现在让我告诉读者数理天文学家如何得出引力大小。他们要知道每一颗行星对其他行星的吸引力，这个吸引力与行星的质量成正比。也就是说，在测定行星质量时，天文学家对其进行了称量，正如屠夫在弹簧秤上称量牛腿一样。屠夫提起牛腿时感受到牛腿向地面落下的拉力，当牛腿被挂到弹簧秤的钩上，这股拉力就转移到了弹簧上。拉力越大，弹簧也往下拉开得越大，而标尺上显示的数目即表示这股拉力力大小。这股拉力即为地球对牛腿的引力，而按照力的一般定律，牛腿也具有对于地球相等的吸引力。所以，屠夫称量出来的只是牛腿与地球的吸引力，而这股吸引力被他称为重量。同理，天文学家是通过发现一个物体重量的方法，来测出它对另一物体的吸引力。

把这种原理应用在天体上，我们会发现有一个几乎无法解决的问题——称量行星是不可能的，那我们又该如何测出它们的吸引力呢？在回答这个问题之前，我要先解释"重量"和"质量"的区别。物体的重量在世界各地是不相等的，一个在纽约15千克重的东西，在格陵兰要多0.03千克，在赤道上又要少0.03千克。这是因为地球并不是一个完美的球体，而且它还在自转，所以在不同地域重量也不同。因为月球比地球更小更轻，所以在月球上称量在地球上重15千克的牛腿，会发现重量只有2.5千克。牛腿并没有改变，只是在不同行星上称量有不同的拉力，在火星上和太阳上都不同——在太阳上差不多有400千克。所以天文学家不以"重量"，而是以"质量"描述行星。因为重量会随位置不同而不同，而质量指行星有多少物质，即"物质的量"。

要得出质量，就必需使用精细且复杂的计算公式。对于有卫星环绕的行星，因为可根据卫星来测定行星的引力，则可使用较简单的计算方法。根据牛顿第一定律，"除非有外力施加，否则物体总是沿直线匀速运动。"所以，若我们看到一个物体沿曲线运动，那么我们可立即知道一定存在其他的力，并且这个力的方向就是曲线曲向的方向。比如手中抛出的石头，若没有地球的吸引力，抛出的石头将完全脱离地球，沿着抛出的路线一直前行。但由于地球的吸引力，在它前行的过程中还会被拉着向下运动，直到砸到地上。当然，抛出时的速度越快，石头前行的距离就越远。假若是一颗子弹，那么它刚被射出时那一段的曲线几乎为直线。再假如我们在高高的山顶，从水平方向上射出一枚炮弹，速度为8千米/秒，且没有空气阻碍的话，那么它的运动路径的曲度一定和地球表面一致，像按照轨道运动的小卫星一样，绕着地球转动。若这个假设成立，根据已知的炮弹速度，天文学家即可计算出地球的吸引力。月亮就像那颗炮弹一样，若观测者在火星上测量出了月球的轨道，那么他也能随之计算出地球的吸引力，正如同我们通过周围下落的物体来测量一样。

所以，对于像火星或木星一样具有卫星的行星，我们可通过这颗行星对卫星的吸引力来计算它的质量，计算公式十分简单。在这个公式中，用公转周期的平方去除行星与卫星间距离的立方，其商数与行星质量成正比。这个定律可应用于绕地转动的月球和绕日转动的行星，以及宏观世界中任何因引力而成的圆周运动。用地球到太阳的距离——1.5亿千米的立方除以一年天数365.25的平方，可得到一个商数，这个商数被称为太阳商数；用月亮到地球的距离的立方除以月亮公转周期的平方，又可得到地球商数。通过对比发现，太阳商数是地球商数的33万倍，因此可知太阳的质量是地球质量的33万倍。

此算法只能说明其中的一条原理，并不代表天文学家们仅靠这个计算就可高枕无忧。实际上，月亮除了受到地球的吸引力，还会受到太阳的吸引力作用，这一吸引力使得月球与地球之间的距离也在变动。因此，地球吸引力是天文学家通过在不同纬度观测周期为1秒的钟摆长短来测定的。然后再使用精细的数学方法，根据离地球某特定距离的小卫星的旋转周期，从而精确地得出地球商数。

之前说过必须根据卫星计算出行星的商数，幸好其他卫星的运动受太阳吸引力作用小得多。所以，当计算火星外层卫星时，我们得出火星商数是太阳商数的1/3085000，由此可断定火星质量是太阳质量的1/3085000。同理可得，木星质量是太阳的1/1047，土星的是1/3500，天王星的是1/22700，海王的星是1/19400。

而上述涉及的计算也只是天文学家解决这类问题的大致方法，其基础是万有引力定律，这条定律也是两百多年来无数数学家推演而成。

通俗天文学

第四篇
彗星与流星

第一章

彗星

与我们在前文中所谈论的天体不同，彗星具有特殊的形状、离心率巨大的运行轨道以及极低的出现率。在人类历史上，彗星的内部结构一直以来都神秘莫测，东西方世界都对它的现身极为重视。于地球周边运行且进入我们观察范围的彗星结构可划分为3部分，但每部分之间浑然天成，并无明显分界线。

最先出现在在我们肉眼中的是彗星核，呈星状物形态。

彗星核四周包裹着云雾般氤氲的物质，至边缘逐渐淡化，我们竟无法弄清它的边界，这就是"彗发"。彗核与彗发统称为彗星的头部，看起来就像是一颗在云雾中发光的星体。

彗星的尾部从后面伸展而出。不同彗星的尾部长短不一，体积小的尾部也极小，而体积最大的彗星，它的尾部几乎能占据大部分苍穹。彗星离头部越近的地方，亮度越大而宽度越小；因为整体呈扇形，而最尾端则越发模糊，彻底融入夜色之中，难以辨认。

不同彗星之间的亮度差异巨大。虽说其中较为明亮的能够展现出绚烂的色彩，但大部分的彗星都是肉眼无法看清的。有时候，我们完全看不见一颗小型彗星的尾部，这种情况只出现在最暗淡的时候。有时又几乎完全看不见它的核，出现在眼中的只有一团云雾状的物体，自中心隐隐发出亮光。

　　在历史记载中，据肉眼观察到100年内出现的彗星数量约为20到30颗。然而意外的是，当我们将天文望远镜伸向宇宙时，彗星却随处可见，孜孜不倦的天文观测者们每年都能收获颇丰。可以确定的是，这些彗星的发现多是归于运气或仰赖技术。有时候同一颗彗星被好几位观测者同时发现，而第一个通知天文台并告知正确坐标的人将被承认为该彗星的发现者。

一、彗星的轨道

　　望远镜问世后，人们很快就发现，彗星与行星一样，也是环绕着太阳运动的，如图4-1所示。牛顿推论出它们的运动同样也受到来自太阳的引力的作用，两者最大的不同在于，彗星并没有行星那样椭圆形的轨道，他们的轨道远到大部分都无法确定其远日点。下面，我们简要说明一下彗星轨道的性质以及其定律。

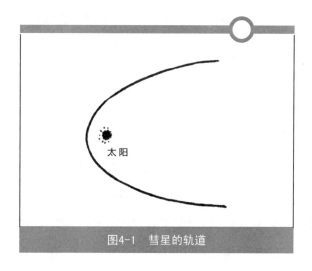

图4-1　彗星的轨道

　　牛顿证明了一切在太阳引力作用下运动的物体，其轨道必然为圆锥曲线。这种曲线分为3种：椭圆、抛物线以及双曲线。椭圆是人们所熟悉的封闭曲线，而抛物线与双曲线则是分为两部分延伸而出。抛物线的两部分可以说是在更远的地方延伸到同一方向，而双曲线的两部分则永远相离。

弄清楚了这3种曲线之后，我们来进行一个思维测试。假设我们现在被困于地球轨道上的某一点上。由于太空中无聊乏味，我们姑且进行射击游戏来消磨时光。我们发射出的子弹中，凡发射速度比地球小也就是29.8千米/秒以下的，无论它的发射方向如何，都会环绕太阳沿着自身回归并以小于地球轨道的线路运动。而在这个过程中，有一个简单独特的规律：凡是速度相同的，其轨道周期也相同；凡是以地球速度发射出去的子弹，环绕太阳的周期都是一年，并且都会同时集结在它们的发射点；如果速度超过29.8千米/秒，其轨道则大于地球轨道，且速度与公转周期更大。当速度超过41.8千米/秒时，它就摆脱了太阳引力，沿着双曲线的一端一去不回了。无论我们朝哪个方向开枪，上述情况都会发生。因此，在离太阳特定的距离上存在着特定速度界限，当彗星的速度超过这个界限时，它就远离太阳一去不回了。

离离太阳越近，这种速度的界限就越大。它与到太阳的距离的平方根成反比，因此若距离扩大为原来4倍的话，速度界限就减小为原来的1/2。要找出空间中任意一点的速度界限是很容易的，只需将行星在其轨道中经过这点时速度乘以2的平方根即1.414。

由此可知，假如天文学家能够通过观测彗星得出在其轨道中的某一点上的速度，就可以推算出这颗彗星的远日点距离和回归周期。将它在可见期被观测到的数据仔细加以分析，就能够大致推算出比较精准的答案。

实际上我们并未发现超过上述速度界限的彗星。需要说明的是，在某些观测结果中确实存在着略微超过太阳引力限制的速度，但超出的部分都在可能的观测误差范围内。通常速度都会与速度界限极为接近，很难判断出究竟是在截然不同的两种可能的哪一边。因此，这颗彗星就很可能游弋到遥远的太阳系边缘地带，历经几百、几千甚至几万年才能踏上归途。而有的彗星的速度却远远低于界限，它们的公转周期很短，被命名为"周期彗星"。

据我们所知，大部分彗星的运动都属于上述情况。假如一颗彗星直奔太阳而去，那么它将会跌入太阳中，但这种情况从未发生过，并且根据我们下面的理论也不可能会发生：彗星越靠近太阳，其速度就越快，就会沿着更大的曲线环绕中心体运动，并在由此产生的离心力的作用下飞离中心体，其返回的方向与原方向吻合。

因为这种天体幽晦黯淡，即使是通过望远镜，也只能在它靠近太阳时才能观测到。这就是彗星周期难以准确测定的原因，尤其是那些速度极快、回归周期极长的彗星。

二、哈雷彗星

人们发现的第一颗按照周期回归的彗星是天文史上著名的哈雷彗星。这颗彗星于1682年8月出现，历时一个月才消失。哈雷竟然通过观测推算出了它的运行轨道，并且发现与1607年开普勒所观测的一颗明亮的彗星的运行轨道特征相符合。

2颗彗星碰巧拥有同一个运行轨道，这似乎不太可能。因此哈雷断定其轨道为椭圆形，周期约为76年。所以，它每隔76年就会出现一次。

于是哈雷用很多年代来减去这个周期，查找历史上彗星出现的记载，1607年减去76就是1531，他发现在1531年确实有一颗彗星出现，这可能就是同一轨道中的彗星。再往上推76年，大约就是1456年。在这一年也有一颗彗星出现，它曾造成了人们的恐慌，曾有"教皇谕令抵御彗星"的传说。

在更久远的年代，这颗彗星可能也出现过，但由于缺乏翔实的资料，哈雷无法证明它。但1456年、1531年、1607年、1682年这几个年份关于彗星的记载，完全可以使人们推算出1758年这颗彗星将会重返太阳系。当时法国最杰出的数学家克莱罗计算出了木星与土星的引力对该彗星的影响。他发现这种影响将使该彗星回归近日点的时间推迟到1759年的春天。这颗彗星后来果然在那一年的3月12日抵达近日点。

三、消失的彗星

1770年6月，法国天文学家勒格泽尔观察到一颗有趣的彗星，这颗星能用肉眼看见。它沿着椭圆轨道运行，周期仅为6年左右。因此，大家都对它的回归充满信心，但它却再也没出现过。谜底很快揭晓了，原来当它在6年后回归时，正好位于太阳的另一边，因此我们看不到它。当它绕过来继续公转的时候，必须从木星附近经过，从而受木星引力的影响改变轨道，于是就不可能再出现在望远镜的视野内了。这也说明了为何在以前也没有见过它。勒格泽尔发现它的时候，它正从木星周围绕过，木星将它带向了新的轨道。我们太阳系中的这颗巨大的行星可以说是在1767年将这颗彗星拉到太阳附近绕了两圈，然后又在1779年将来到它身旁的这颗彗星推了出去，从此音讯杳无。此后，大约有二三十颗可以确定其周期的彗星只在观测中回归了两三次。

彗星是会分解和消亡的。比拉彗星很明显就是属于彻底分解的那一类。1772年，人们第一次观测到它，但并不知道它是周期彗星。1805年它又出现了，天文学家并未注意到它的轨道与1772年那颗相同。直到1826年，它第三次出现，人们才利用更为先进的技术测出了它的轨道正是前两次的彗星轨道，从而发现了3次出现的其实是同一颗彗星。它的公转周期为6.67年，由此可推算出它的回归时间为1832年及1839年，这两次但它所处的位置在地球上都无法观测到。到了1845年年底，它又重新出现了，在11月、12月才观测到它。1846年1月，当它接近地球与太阳时，人们才发现它已经分化为两部分。最开始时，较小的那部分光亮较弱，到了后来其亮度就逐渐变得与另一部分相同的。

比拉彗星的下一次回归是1852年。它分开出的两部分之间的距离更远了。

在1846年为32万千米，1852年超过了160万千米。最后一次观测到比拉彗星是在1852年9月。虽然此后还会回归七八次，但却再也没有见过它了。根据它之前的几次回归，我们能够精准地预测它的回归位置，但它却再也没有出现过。这或许是因为完全它已经完全分离解体了。在下一章节中，我们会略微探讨它的物质结构。

有两到三颗彗星都是以这种方式消失的，它们都被观测到有过一次或一次以上的回归，但每次都会变得比以前更加晦暗、稀薄，直至彻底消失。

四、恩克彗星

在周期彗星中，出现最多、最有规律的就是一颗名为恩克的彗星，它是以第一位准确推算出其运行轨迹的德国天文学家的名字命名的。1786年人们首次发现了它，但它的运行轨迹还是未知。第二次回归出现在1795年，卡洛琳·赫歇女士发现了它。1805年与1818年，人们分别观测到了它。而后一次发现测定了它的准确运行轨道，以此计算出了它的周期且与前几次观测结果相吻合。

此时，恩克才测算出其周期为3年零110天，由于行星引力的影响，这一数值会有所偏差。此后，恩克彗星的每一次回归几乎都被观测到了。

这颗彗星最显著的特征就是，它的运行轨道在一段时间内不断缩小，直到离太阳的平均距离减少了40多万千米为止。

五、木星捕捉彗星

1886～1889年间，发生了一件大事：一颗新彗星造访太阳系。第二年，布鲁克斯发现了一颗彗星，它的周期只有短短7年。这颗彗星亮度很高，但为什么以前从未被观测到呢？不久谜底就揭晓了，原来它在1886年曾经过木星的范围，木星的强大引力竟改变了其轨道。此外，还有一些周期彗星距离木星很近，它们或许也是被木星捕捉了。

那么新问题来了：短周期彗星是否都被木星捕捉了？答案是否定的，因为哈雷彗星并非如此。而恩克彗星与木星的距离还不至于使它被牵引到现在这轨道，不过当轨道大于原先时却有可能。

六、彗星的来历

不久前，人们还认为进入太阳系的彗星来自遥远的恒星际空间。如今这种看法被否认了，因为到目前为止还未发现有速度超过一定界限的彗星。已知彗星的速度能够让它们从边缘的行星轨道之外进入，但这远不及恒星的距离。后面我们还会讲到，太阳也是有自身的运行空间的。因此，就算彗星真的是来自太阳系之外，它们也是随着太阳系在同一空间运动的。

对这些问题的探索，似乎已经达成了共识，即这些彗星自身都具有规律性的轨道，而与行星的差别只在于其轨道的离心率很大。它们的公转周期动辄几千、几万甚至几十万年。其间，它们运行到离行星边缘极远的地方。假设它们在回归时运动到某颗行星附近，就会出现两种可能：一是加速飞向更远甚至远到它们再也回不来的地方，二是速度降低，轨道缩小。因此才会出现彗星之间周期的不同。我们由此推断，我们所观测到的彗星都属于太阳系。还有种观点认为，这些彗星是以前的太阳从宇宙尘云中穿过所捕获的，这种说法也有一定的可能性。

七、耀眼的彗星

人们对于那些耀眼壮观的彗星最为关注。目前我们还不能推测出它们的出现时间。在19世纪，这种大彗星只出现过五六次，其中令世人瞩目、最耀眼夺目的那颗出现在1858年，以它的发现者多纳蒂命名。在发现多纳蒂彗星的过程中，它自身的变化完整地表现了出来。6月2日它首次出现时，还是黯淡无光的星云，在望远镜中看起来就像是天空中的一朵不起眼的白云，既没有尾部，也没有要变化的迹象。直到8月中旬，才渐渐出现了尾巴，到了9月初时，其尾部已经能用肉眼观察到了。自此以后，它的体积和亮度的增长速度令人咂舌，几乎每晚都脱胎换骨。在我们眼中，整整一个月它的位置都没有什么变化，一直游弋在西边的夜空中。大约在10月10日，其亮度达到顶峰。哈佛天文台的邦德为此刻的彗星绘图。有两张关于其头部的绘图，一是我们眼中的景象，二是望远镜中的景象。在这之后，它就向南移动消失在地平线之下了，许多观测者跑到南半球继续追踪，这一观测活动一直持续到1859年3月。

当它从人们的观测视线中消失时，就有人开始致力于推算其运行轨道了。很快人们就发现，它的轨道并非标准的抛物线，而是延长的椭圆形，周期约为1900年，但准确数值或许会有100年上下的浮动。因而，当它上一次回归时，古人应该见过，但在有关公元1世纪的史籍中并未记载此事。而下一次，则是公元38或39世纪了。

值得一提的是，在1843、1880、1882年出现的彗星，绝大部分都有相同的运行轨道。其中一颗彗星最特别，它以极近的距离掠过太阳——事实上已经越过了日冕的外部区域。在2月末，它在太阳附近飞速掠过，即使在白天也能看见。更诡异的是，它恰好出现在世界末日预言的年份——1843年。受预言的影响，当时的人们将其视为灾难降临的先兆。

到了4月中旬，这颗彗星就消失了，因而观测它的时间较短，其公转周期自然成为了众人研究的焦点。但我们发现，它的轨道形状与抛物线相差不大，但由于观测时间较短，这个缺乏根据的推断并不可靠。我们唯一能确定的是，它的下次回归至少要等到好几个世纪以后了。

但令人惊讶的是，在37年后，一位天文观测者在南半球发现了一颗彗星，其轨道几乎与前面那颗完全重叠。极长的尾部在地平线上冒出，这是这颗彗星首次亮相的景象，在阿根廷、南非、澳大利亚，人们都目睹了这一景观。它环绕着太阳往南边而去，北半球的人还未看到它就消失了。

那么它是否就是1843年出现的那颗彗星呢？按照以前的观点，如果在同一轨道中出现的时间间隔较长的话，那么就是同一颗。但在这儿，由这种观点得出的结论似乎与事实相悖。这个疑问直到1882年才解开，因为在相同的轨道上出现了第三颗彗星，这绝不可能是两年前的那颗。于是出现了这样一幅壮观景象：3颗耀眼的彗星以不同的日期运行在同一轨道上。我们还得将1668年与1887年的那2颗补充进去，它们或许正是在近日点被撕裂的大彗星的5个部分。其中，1882年9月那颗的核在经过近日点后再次被撕裂为4部分。这4部分相隔大约1个世纪，周期为660～960年，当它们再次回归时，将是4颗独立的彗星。

八、彗星的成分

彗星的核似乎是由冰、气体、少量的尘埃以及其他固态物组成的，其体积相差很大，小如沙粒，大如陨石。那么为何经过多次回归后，它们还能保持聚合？彗星的头部在接近太阳时通常会发生变形，这就充分证实了上述猜想。

对这些彗星进行分光后，其光谱显示出，它并非仅仅是反射太阳光。最突出的是其中的3条明亮的谱线，它们与碳氢化合物的光谱极其相似。这就是一种能发光的气体造成的，同时它还提供了彗星内部的光谱。

在大部分情况下，使这种气体发光的并非太阳，而是太阳风，正如大气层上部的极光一样。

由此可知，构成耀眼彗星的成分必然具有挥发性。当仔细观察望远镜中的耀眼彗星时，常常能见到有气体自其头部挥发向太阳，之后蔓延开并离开太阳形成彗星的尾部。这个尾部并非彗星的拖曳物，如同动物的尾巴一样，而是类似于烟囱上冒出的炊烟，由雾霭大小的尘埃微粒构成。它以气体的形式从彗星核中喷薄而出。

　　通常情况下，彗星在刚出现时并没有尾部。在它逐渐靠近太阳的过程中尾部才会慢慢出现。越靠近太阳，受热量就越大，尾部的形成速度也就越快。而尾部的物质则朝着相反方向飞速运动，这明显是被太阳辐射推离的，因而其运动方向总是背离太阳。

第二章

流星

不管人们对天文学知道多少，流星都是他们所熟悉的事物。许多诗人用笔墨赞美它那短暂而绚烂的一生。一个人如果常常在外过夜，那么他几乎每隔一年就能见到一次绚烂夺目的流星。假如足够幸运的话，还能邂逅那种点亮夜空的华丽流星雨。

在一年中的任意一个晴朗的夜空下，人们都能在1小时之内看到三四颗流星。然而它们出现的频率偶尔会剧增，比如在8月10日到15日之间，就会出现比平常更多更亮的流星。在古代，有几次这种异常情况甚至令人们感到恐慌。比较明显的就是在1799年、1833年、1866～1867年。其中1866～1867年那一次最为剧烈，甚至令非洲南部的黑人至今保持着某种关于这次事件的习俗。

一、流星和陨石

直到19世纪人们才弄清了流星的来源。原来，太阳系除了已知的行星、卫星、彗星以外，还有许多望远镜看不清的微小物体在围绕着太阳运动，它们中的大部分可能和小石砾或者细沙差不多大小。在环绕太阳运行的过程中，地球不断地与它们相遇，此时其相对速度高达几十千米（可能是20、30或者40），也可能更高，达到100千米以上。如此巨大的速度使它们在与厚厚的大气层接触时因为巨大的摩擦力而被加热到高温状态，无论其本身如何固若金汤，都会在高温下化作一道亮光划过。呈现在我们眼前的，就是它们在高层的稀薄大气中燃烧的过程。

流星的体积越大，物质结构越牢固，那么它就自然会在燃烧中显得更加绚烂和持久，有时甚至到距离地面数千米时才会完全灰飞烟灭。这时，下面的人们就会看到一颗光彩夺目的耀眼流星划过夜空。此时，在它经过后的几分钟内，能听到它发出的如枪炮声一样的轰鸣。这源于它快速经过时压缩空气所发生的震动。

某些时候，流星的体积甚至会大到当其坠落时还未完全化为灰烬的程度，这就是我们口中的陨石。这种情况会在不同的地方出现。

现代关于流星的最大发现与某些季节出现的流星雨有关。在每年的11月中旬，会出现一阵特别的流星雨，其中的流星看起来就像是从狮子座中扩散而来，因为被称为"狮子座流星群"。据历史文献记载，这样大规模的流星雨每隔30几年就会发生一次，在过去的1300多年里都是如此。最早的记载出现在阿拉伯：

"599年莫哈伦月末日，群星乱舞，黔首惶怖，伏拜天神。非神之怒，孰能为此？故祈福于天耳。"

这一详细记录指的正是1799年11月12日那天出现的流星雨。洪保德当时在安第斯山脉中观测到了它，然而他似乎陶醉在这场美妙的夜空表演中，完全没有心思去探寻其来源。

接下来的一次出现在1833年，天文学家奥尔博指出这次流星雨可能会有34年的周期，也就是说它将在1867年再次出现，最后的事实证明了他的观点，并且在1866年也出现了。在这两年间，人们对流星雨的观测比以前更加细致，从而发现了流星雨与彗星之间的联系。要说清这个问题，需要先解释清楚流星的辐射点。

我们发现，当流星雨出现时，如果我们将每一个流星的运动轨迹线往后延长，就会发现它们有某个交点。11月的流星雨，其交点位于狮子星座上；而8月的流星雨，则位于英仙座。这个交点就是流星群的"辐射点"。流星似乎就像是从这一点上扩散开来，但千万不要认为一切流星都相交在那个点上并能够看见，它们能够在这一点的90°内的任意距离出现。但一旦观测到它们，其运动出发点就确定为这一点了，这表明，当流星进入大气时都是在平行线上运行的。可以将辐射点看做透视画中的没影点。

二、彗星与流星

既然明确了11月份的流星雨周期为33年，又确定了它们的辐射点的方位，那么其轨道就能推算出来了。1866年流星雨出现后，勒维耶就开始着手这项工作了。恰好在1865年12月出现了一颗彗星，它于次年1月份运行到近日点，奥博尔兹根据它的运动推算出其周期约为33年，他发表了这项研究结果，但却并未留意到流星群周期也为33年。最终斯科亚巴列里注意到了这颗彗星与勒维耶研究的11月流星有着极其相似的轨道。两者距离很近，似乎就是同一天体。最显著的证据是11月流星分离出的物体在轨道中尾随着彗星。由此可知，这些物体原本是彗星的一部分，后来逐渐分离出彗星。当彗星依照前一章节提到的分解情况离散后，其中一部分未化为灰烬的小天体继续围绕着太阳运行，且又开始了逐渐离散的过程，因为其内部没有足够的引力牵引。但即使如此，它们仍然是在类似的轨道中继续运行。

8月份的流星雨也是如此。它们的运行轨道与1862年出现的彗星轨道重合。这颗彗星的周期是123年。

第三次特殊情况出现在1872年。在前文中我们已经讲过比拉彗星的失踪了，这颗彗星的轨道大约与地球在11月末经过的轨道中的一点相交。从它的周期推断，下一次经过这点是1872年9月1日，而地球经过这一点还要等两三个月的时间。根据类似情况可以确定，在1872年11月27日将会出现一场流星雨，其辐射点为仙女座。最后这个推断被证实了，这群流星被称为"仙女座流星群"，几场美轮美奂的流星雨出现在夜幕中。然而自从1899年以后，人们只观测到其中少量的流星出没。

按照以往经验，1866年的彗星应当在1898～1900年回归，但实际上它再也没出现过。这或许并非因为它已经彻底分散，而是因为它在近日点时恰好离地球太远，以至于无法观测到。除此之外，在这两年间应当出现的流星雨也很少出现。这大概是因为它们又被行星引力改变了轨道，这种情况是常常发生的。

由此我们或许会错误地认为，在彗星长时间环绕太阳的运动中，一些细微的碎片逐渐脱落，这些碎片就像行军中的落伍者，仍然沿着原先的轨道继续运行，在与地球相遇后就产生了流星雨。这种说法过于绝对，因为并非所有的流星都来源于彗星的脱离碎片，即使是个别行星，也并非完全如此。某些流星进入大气层的速度常常超越前一章提到的抛物线界限。它们或许是来自于远离太阳系的恒星际空间中的漂流物。

三、黄道光

黄道光是一层柔和的弱光，它包裹着太阳一直延伸到地球轨道周围，并且差不多完全位于黄道平面上。太阳落山后一个时辰内，在赤道上的任意一个晴朗的夜晚都能看见它。而在北纬中段地区，最佳观测时间是春季的夜晚，日落后的1.5小时以内，在西方与西南方肯定能够看见它，并且一直延伸到昴星团的位置。此时它与黄道相对称，因而与地平线的夹角达到最大，实为最佳观测时机。在秋季，它会出现在日出之前，起自东方，往南方延伸。

在太阳的正前方有一层微弱的光，学术名为Gegenschein，这个词为德语，意为"对日照"。它的亮度太低，在最佳观测情况下才能被看到。当它位于银河中时，它就会湮灭在银河如月光一样的光亮中。

对日照经过银河的时间为每年的6月、12月，因而在这两个月是看不到它的。在1月与7月的上旬，人们也不一定能看到它。而在其他时间段，只有等到日落已久、夜空晴朗、没有月亮的时候才能观察到它。它以一团幽暗的光影形态出现，没有清楚的形态。观察者需要找到它背对着太阳的正面加以观测。

我们通常认为，黄道光是不停围绕太阳运行的微粒反射而出的太阳光。同理，对日照明显也能以此解释，而流星一类的天体集中在太阳正面的情况也有它的力学原理。

通俗天文学

第五篇

恒星与星云

第一章

· 恒星 ·

一、星座

既然我们已经对附近空间进行了研究，那么是时候将目光伸向那些照亮夜空的群星们所在的遥远空间去了。

通常情况下，我们肉眼能看见的全方位恒星的数量约为5000～6000颗，而其中只有半数会同时出现在地平线上，并且这一半中还会有不少因为太靠近地平线而被城市中的光亮以及在同一方向上更为稠密的大气层所掩盖。在乡村的晴朗夜空中，肉眼能够立即发现的恒星数约为1500～2000颗。我们将肉眼可见的称为"亮星"，以此来与那些在望远镜下可见的巨大恒星区分开。

当我们仰望繁星时，很难记起它们并非位于相同距离上，因为它们看起来完全是处在相同的距离上。我们可以想象有这样一个大圆球，它将地球彻底密封起来，而群星则位于这个大圆球的内部表层上。由于圆球沿着倾斜的中轴转动，因而群星们都是东升西落的。但是，在北纬中段的观测者看来，环绕北极的星辰永不沉没——这就是我们在第一章中提到的恒星圈；相反，环绕南极的星辰却永远不会升起。这个大圆球每隔一个恒星日向西转动一周，因而大约是每4分钟不到旋转1°。

众所周知，天空中的景象之所以每天都向西运动，是因为地球在向东绕轴旋转。同时由于地球在环绕太阳公转运动，这使太阳看起来又像在群星间缓慢地往东运行，每天大约1°，一年环绕黄道一周。上述地球自转所造成的影响在前文中已经提到过了。

由于太阳向东运行，以地球自转为参照的恒星日的一天大约比太阳日的一天少了4分钟。每晚的星辰都比前一天早4分钟上升，并且在同一小时内比上次要偏西约1°。四季交替，因而所有的星星都交相替换地出现在夜空中。

夜星的分布并不是均衡的，而是集聚为很多群。其中的北斗或飞马座大正方形，都很显眼，令人过目不忘。古人同我们一样，都对夜空中的那些特征明显的星群十分熟悉。宇宙的形象在几千年的时间里几乎没有变化，古人为这些星群命名，因而并有了星座的称谓。

现在的星座称谓虽然源自古希腊文明，但其中少不了增补和变更，而这些东西古希腊人似乎又是从美索不达米亚人那儿掌握的。早在公元前9世纪，古希腊诗人荷马就提到过大熊座、猎户座等著名星座。关于大概50个古代星座的最早的详细描述可以追溯到马其顿的宫廷诗人亚拉图斯作于公元前270年的作品Phenomena。其中的星座都是以英雄或者飞禽走兽的名字命名的，并与一些人们耳熟能详的故事相关。

目前公认的星座共有88个，其中18个环绕着南极，在北纬中段是无缘相见的。这些补充是在原有星座的基础上增加的，此外还有一些在南极周围的星座，古希腊人也是看不到的。

天文学家仍然沿用了原来的拉丁文的星座名，只从现代星图中去掉了英雄和鸟兽的画像。为了便于使用，星座被用来表示夜空中不同区域的星群，由我们划定其界限，就像地面上的国界线由国际社会共同协商决定一样。所有在某个星座区域内的星星都隶属于这一星座。而无论何时进入到这个区域内的行星或日月，我们也称其位于这个星座之中。

由于太阳与行星、月亮与黄道的距离都不可能会变得太远，以此它们通常与黄道带上的十二星座为一个整体。这十二星座分别为：白羊、金牛、双子、巨蟹、狮子、室女、天秤、天蝎、人马、摩羯、宝瓶、双鱼座。黄道带是指环绕圆球的一条16°宽的宽带，黄道就位于其中。平分为十二个区域便是黄道十二宫，从春分点往东以此转动，十二宫的名字就是十二星座的名字。两千年前的每一宫都恰好能将所属星座包含在内。然而，由于已在前文中提到的岁差的存在，黄道十二宫已经往西挪动，因此现在的十二宫与十二星座已并非完全吻合了。

本章的内容是为了使读者了解到，一年之内在北纬中段能够观察到的星座，其中的大部分都具有独特的形状，比如正方形、十字形、勺子形，通过星图或者说明，我们能够很轻易地在夜空中找到它们。不同的季节拥有不同的星座，这对认识星座毫无影响。认识星座的过程总是会持续下去的，直到将一年中的全天的星座都了然于心，因为熟悉的星座会逐渐西沉，而前所未见的星座又会从东方升起。

天空中的能见部分被我们划分为5个板块，以便加以区分。第一个是环绕南北两极永不消失的北天星座，在北纬中段一直能够见到它。其他的4个板块的星座时而出现时而消没，大部分都会经过天顶的南部。现在，我们就来将在每个季节的傍晚9时通过子午圈的星座指出来。为了不引起混淆，在星图中我们基本上只标明较为明亮的星星，因而去除了星座的边界。

（一）北天星座

北天星座的图示参见本书图1-2。这幅图以天球北极为中心，众星都以它轴做逆时针旋转，其周期是23小时56分钟。如果想让星图处于晚上9时的状态，可以将转动图使本月份位于顶部。

　　首先是大熊座，它是由7颗明亮的星星构成的著名的勺子形。整年都能够看见它，只有当它在秋季过于靠近地平线时才可能消失于我们的视野。勺子顶部的2颗星被称为"指极星"，因为它们连成一线指向北极星，而北极星接近星图的中心位置，与极的距离在1°之间，因此正好成为北天极比较精确的标示。

　　北极星属于小熊座，处于勺柄的末尾。小熊座只有勺边的2颗星比较明亮，这2颗星由于永不停止地环绕着极运动，因而被称为极的守护者。

　　在没有指极星的情况下，可以朝着北边寻找北极星，它与地平的度数同观测位置的纬度是相等的。因此，在北纬45°的位置，可以看到北极星恰好位于天顶到地平的中心点。

　　在北天极的另一端，同大熊座方向相反且到北天极的距离相同的星座是仙女座，它由5颗明亮的星星构成W或M形，此外还有2颗比较暗淡的星星。这就形成了仙后的王座，只不过王座的靠背极为不平，恐怕还需要一个靠垫。

　　在仙女座的前面是仙王座。一些人将它想象为教堂的顶端尖尖的部分，指向极。仙王座再往前是大约位于北天极与大熊座之间的天龙座的V形顶部，构成这条龙的星都比较暗淡，我们可以对比星图来找出它。它环绕着北黄极，这个黄极大约在北极星至龙头的距离的2/3处，在这一点上没有明亮的星星，但却恰好是地球自转之岁差所造成的天极缓缓地画着大圆的中心。

　　以上为北天五大星座。在了解了它们之后，我们将目光转向南边，选择适合观测的季节的星图。就暂且将季节定位秋季吧。

　　（二）秋季星座

　　图5-1描绘出了秋季南天的主要星座。从垂直的方向来看，月份下边的是当月晚上9点经过子午圈的星群，自天顶至南地平。

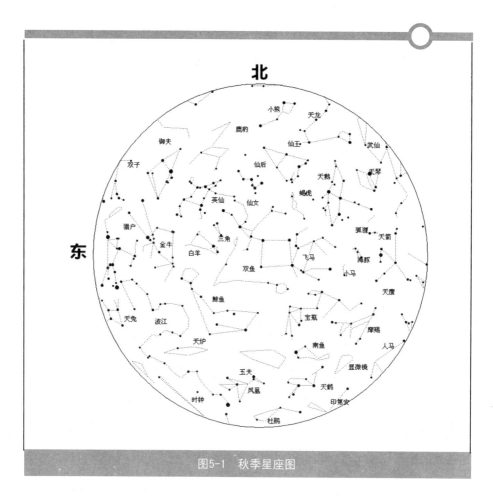

图5-1 秋季星座图

　　正方形的飞马座是秋季的夜空中最醒目的标志。初秋时节它在正东方出现。11月1日左右的傍晚9点，它又出现在南天最顶端。这个正方形由4颗二等星组成，每一边大约15°。在它的东北角的东北方是仙女座大星云。这是最明亮的银河之外的旋涡星系，在肉眼中，它就像是一块长长的云雾光斑。在后面我们会详细提到它。假如我们将正方形的飞马座看做勺子的斗，那么东北方的仙女座的亮星就构成了勺子的柄。不过这个勺柄末端的星星已经属于另一个星座——英仙座了。

　　英仙座正位于银河中，以箭头的形状朝向仙后座。在这两个星座之间，有一块云雾光斑，在小型望远镜甚至望远镜中都可以将其划分为两部分星团，这就是英仙座双星团。在其西边，有一排3颗星，其中最亮的那颗就是蚀变星的典型代表——变星大陵五。

在目前我们研究的区域内，有黄道三星座：宝瓶座、双鱼座、白羊座。正方形飞马座的东边线延长一倍的位置，大约是黄道与赤道的相交点的春分点。两千年前，春分点还位于东北方的白羊座。组成白羊座的主要星星形成钝角三角形。

双鱼座的南边是大星座鲸鱼座。这个星座因其红色的双星蒭藁增二而为人们所熟知。一年只有一两个月能够见到这颗星，平时用肉眼是看不到的。秋季的星座我们已经介绍的差不多了，但还有一颗一等星没说，它就是南鱼座的北落师门。北落师门大约在10月中旬晚上9时经过子午圈。

（三）冬季星座

图5-2描绘的是冬季的星座，这是全天最璀璨的时刻。那些亮星在寒冷的夜

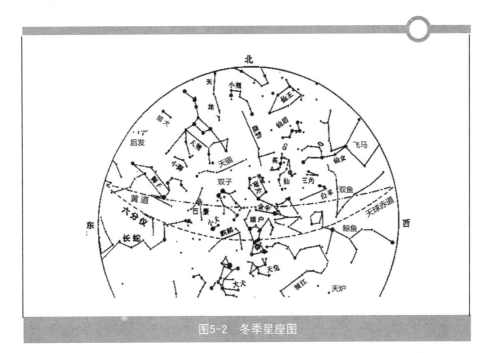

图5-2　冬季星座图

空中闪耀着光芒，好像是为了弥补日光的稀缺一样。

猎户座是最明亮耀眼的星座，4颗星星构成长方形，我们看到它矗立在南方。其中，红色的巨星参宿四位于东北角，蓝色的参宿七位于西南角。而横亘在长方形中段的3颗明亮的星星就像是这位英雄的腰带，下面的3颗暗星则是它的宝刀。这3颗暗星其实并非星星，而是璀璨的星云，这个大星云是出现在望远镜中的瑰丽奇观。

沿着猎户座的腰带可以观测到南方的天狼星，它是全天最亮的恒星，位于大犬座。在猎户座的东面，一等星南河三与天狼星、参宿四呈等边三角形，它位于小犬座。

沿着猎户座腰带往上是V形的毕宿星团，然后是更加密集的"七姊妹"昴星团。它们都是疏散星团的代表，在后文中我们会继续提到。毕宿星团位于金牛座的顶部，红色亮星毕宿五代表着牛眼，而另外2颗东面亮星则代表牛角尖。御夫座位于这2颗星的上方，该星座中的黄色大星五车二是北半天球最亮的3颗星之一。

金牛座、双子座、巨蟹座是本区中的黄道三星座。黄道位于本区最北的位置。

双子座的形状也是长方形，东边有2颗亮星：北河二与北河三。以名字象征北回归线的巨蟹座比较暗，最有趣的是它那部分肉眼看似云斑的鬼宿星团。通过望远镜也能观察到它是疏散星团。

一部分银河也位于冬季的星座区中，这令朗朗星空更加璀璨，即便它不如盛夏那样明亮。

（四）春季星座

冬季的耀眼星群落入地平线以后，另一些明亮的春季星群便取而代之（如

图5-3），狮子座就是其中的代表。许多民族都不约而同地将在东天夜空出现的狮子座视为春天来临的先兆。4月中旬的傍晚9时左右，它高悬于南天。

图5-3　春季星座图

要了解狮子座，可以先观察它由7颗星构成的镰刀形状，位于刀柄末尾的一等星轩辕十四是最明亮的一颗星。镰刀东面是一个直角三角形，其东边最远的一颗星是五帝座一。人们由此勾勒出一只狮子的轮廓。

从五帝座一延伸出一条直线连到大熊座勺子柄末尾，中间会经过两个不起眼的星座——后发座和猎犬座。前者中有一个星团的一些星星能够用肉眼观察到。那些拥有大望远镜的观测者对这一区域兴致勃勃，因为其中到处都是旋涡星云和独立于我们星系之外的遥远系统。

在春季的南天，横亘着最长的星座长蛇座，它就像一条由各种星星连成的不规则的线条，从巨蟹座稍往南一直绵延到天蝎座。其中央周围有两个有趣的星座：巨爵座和乌鸦座。巨爵座的形状宛如一只杯子，而乌鸦座则是由极为明亮的星星组成的四边形。

我们暂时将目光转回北天。在春季，大熊座位于北极上方并且勺子形状反过来了。从勺柄的趋向往南延伸，就会在不远处遇到一颗耀眼的橙色星星，大约再经过相同距离又会遇到相较之下较为暗淡的蓝色亮星。前一个是牧夫座中的大角星，后一个是室女座中的角宿一。牧夫座形似风筝，而大角正是拴住风筝尾巴的地方。

室女座在黄道星座中属于较大的，但位于其中的星星并没有构成便于记忆的形状。角宿一和五帝座一以及大角这三者组成了一个等边三角形。将角宿一与轩辕十四相连，就几乎能够表示出本区天空中的黄道段。而这条连线大约2/5的地方就是秋分点，9月23日，太阳会经过天球上的这一点。

（五）夏季星座

最富于变化的奇妙星空出现在夏季（如图5-4）。在牧夫座的东边不远处，是北冕座，人们立即就能认出它，它是由许多星星构成的开口朝北的半圆形。

再往东边是武仙座的一部分，在一些人看来就像是一只翩跹的蝴蝶。有一个肉眼可见的球状星团位于其中，在望远镜中看起来无比瑰丽雄奇。这个有一颗恒星构成的巨型球体可谓是北纬可见的景观中最为壮丽的。武仙座的东部就是所谓的"太阳向点"，从整个星系的角度上看，整个太阳系都在朝着这一点运动。

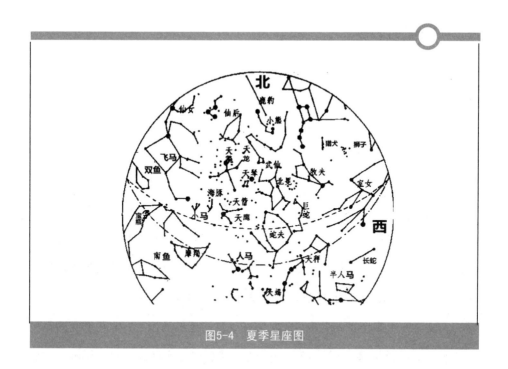

图5-4　夏季星座图

　　武仙座的东面是天琴座，蓝色亮星织女一位于其中。再往东是北方大十字形，其中心轴正好沿着银河，它就是天鹅座，其最亮的星星是天津四，处于十字顶端。银河在这儿分流为平行的两股支流。我们现在顺着银河往南边去。

　　我们途经两个小型星座：天箭座和海豚座。再往前就是体积稍大的天鹰座，其中最明亮的河鼓二与2颗不太明显的星星连成一条直线。在此之前，银河的西部分流都还算是比较明亮的，到了这里开始逐渐暗淡消失，到了南边之后又再次明亮起来。此时，东部支流逐渐变亮，在人马座中形成了数量巨大的星云。该黄道星座的特征是其中的6颗星星构成的反转的勺形。

　　人马座的西边也是一个黄道星座——天蝎座。天蝎座是最为吸引人的夏季星座之一。大约在7月傍晚9时，它会经过子午圈。天蝎座中最明亮是星心宿二，它是目前已知的最大恒星，其直径约为太阳的400多倍，它的颜色是真正的红色。南部底端的天蝎座与北部顶端的北冕座之间的巨大空间存在着两个星座：巨蛇座和蛇夫座。

要弄清楚那些闻名于世的星座很简单，同时也很有意义。这些星座的形状颇有趣味，并且当星空变得不再是星星的重复累积，而是具有了我们熟悉的生动形象，我们就会时常抬头去仰望浩淼的群星了，此时，我们大概会对自己以前的漠不关心感到不可思议。

二、恒星的本质

在人类仰望星空岁月里，其中大部分的时代都是将点点繁星视为苍穹的装饰物。在远古时代，人们就发现了群星构成了成许多种特征鲜明的形状，特别是它们可以透露出夜晚的时间和季节，人们常常将此运用到生活中去。

天文学在很多个世纪里将目光局限在地球附近的太阳、月亮与明亮的行星等天体上，这些天体由于与其显著的光亮以及在天球背景上的运行而成为焦点。位于远方的恒星看起来亘古未变、难以想象，不过可以把它们当做标明位置的坐标，以此判断出那些流浪者的运动方向。因此人类很早就有了星图。

在哥白尼将太阳放在其合法的太阳系中心的位置上以后，人们才逐渐了解到，我们的太阳其实也是一颗恒星，其万丈光芒只是因为距离很近罢了。于是人们逐渐将恒星视为遥远的太阳，是体积巨大、温度极高且有可能环绕着行星的天体。

而我们对于太阳的认识，应该也能应用到其他恒星上。首先，它们都是由温度极高的气体构成的巨大球体，由光球、色球、日珥、日冕几部分组成。它们不断向外扩散巨大的能量。虽说如此，光凭肉眼也能发现恒星并非太阳的完全翻版，其中也有蓝色星、红色星以及类似太阳的黄色星等。

除了几个明显的特点，望远镜并不能帮助我们认识到恒星的本质。通过望远镜我们才能看到更多的星星，这是毋庸置疑的，但即使是目前最大的望远镜，也不能将恒星延展为一个利于我们研究其表层的圆面。当几种特殊的工具问世以后，我们才能观测到恒星的情况。其中最先被使用并且到今天仍然最实用的仪器是分光仪。

（一）星光的研究

应用于天文学研究的分光仪是用来解析天体发出的光的。利用一片或者几片棱镜，或者再加一光栅，使光分解为一条色带，也就是我们所说的"光谱"，它的颜色就像彩虹一样。从可见光谱的一端出发，依次是紫、靛、蓝、绿、黄、橙、红，当然中间还有渐变的过渡。

将两座小型望远镜对准棱镜。让光线从平时观测时眼睛的位置进入第一座望远镜，目镜则用一条狭缝来取代。当分光仪与望远镜相连时，这条狭缝便处在目镜的焦点上，通过它的光线被透镜分为平行光，由此获得光谱。第二座望远镜通常是用来摄像的。利用对准部分细缝的反射望远镜，可以通过其天体的光谱得出某已知物质的光谱。上述比较光谱的方法只能通过狭缝分光仪才能完成，但唯一的缺陷就是一次只能显出一颗星的光谱。

还有一种物端分光仪，它能够同时显出多颗星的光谱。其实它就是物镜前添加了大型棱镜的望远镜。它获得的是整个观测的区域中的光谱，每一段短光谱就代表着一颗星。

事实上，对天体进行光谱分析源自夫琅和费。1814年，夫琅和费利用自制的分光仪分析太阳光，首次在光谱上发现了许多条细暗线。他用字母将从红到紫的光谱上出现的明显暗线标示出来，这个标示系统沿用至今。因此，在黄色区中的那两条紧凑的暗线就是D线。

1823年，夫琅和费首次分析了恒星的光谱。其中同样出现了许多暗线，恒星越红，这些暗线的花样也就越复杂。这个问题直到物理学家基尔霍夫提出了著名定律才得到解释。这条关于暗线的定律大致如下：

发光气体的光谱通常表现为暗黑背景上的不同颜色的谱线的花样，花样的特征与构成这些气体的化学元素有关。正如一座无线电台的不同的波长都能被调谐检测出来一样，发光气体中的化学元素也能由其发出的特定光的波长检测出来。

固体、液体或气体都会在某些情况下发出连续的光谱，即不同颜色的白光。而在光源与我们之间如果存在温度较低的气体，那么就会被它吸收掉与其所发光相等的波长。这种结合的光谱会多出连续的暗线花样，这就表明其中掺杂了多余的干扰物的化学成分。恒星的暗线光谱的意义在于，一些选中的波长已经被恒星的大气从其光球所发射的白光中过滤掉了。

（二）恒星光谱的花样

在哈佛天文台及其在秘鲁的阿雷基帕分所，对恒星光谱进行的摄影研究已经持续了一个世纪。在此发挥作用的是物端棱镜。全天每个区域的成千上万张照片都被小心翼翼地保存起来以便进行细致的研究。通过不懈的努力，人们已经获得了35万颗的恒星的光谱。只需翻阅一下HD星表，就可以获得其中任意一颗恒星的亮度与谱型。在此需要说明一下后面一个术语。

在已知的恒星光谱中，除了个别特例以外，所有的暗线花样都可以归纳为相连的序列，需要研究的恒星的光谱差不多都能对应其中的某一处。这些平均分布的花样以任意的字母BAFGKM表示，中间的间隔区域分为10份。比如，我们准备研究某恒星的光谱，如果它的暗线花样位于该标准花样的BA的中心，那么它的谱型就是B5。这种标示方法由哈佛天文台首创，名为"德拉伯分类法"。

在B型恒星的光谱中，氦线最突出。这种充满飞船与气球的气体首次于太阳光球中被发现，因为在其光谱中发现了分散的线。在猎户座腰带的3颗星中，中间的那颗就是标准的氦星。

A型光谱包括天狼、织女的光谱，其中都有明显的氢线。质量最小的氢元素在各型的光谱中都有。A星光谱的恒星都是蓝色的，它们的花样的排列顺序也是由蓝到红的渐进序列。

F型星的代表是北极星以及南极老人星，它们都是黄色的。在它们的光谱中，氢线比较稀少，钙、铁等金属线较多。

G型星最典型的代表是太阳。它是黄色的，其光谱呈现出几千条金属线。而在K型星——大角星的光谱中，金属线更加明显。这一型星的末尾以及M型星中的红星，比如猎户座的参宿四与天蝎座的心宿二，其光谱中的粗带纹理以及大部分暗线都是可见的。

以上就是光谱序中的主干部分。除此以外，还有4种类型的恒星，不过它们的总数还不到整体的1%。人们曾经认为蓝星到红星这一顺序代表着恒星的演化史。因而蓝星属于幼年时期，太阳等黄星处在中年期，而红星将会变得更红、更暗，直至湮灭。但又有一种新的观点出现，这种观点认为，一部分红星属于恒星的幼年时期。恒星逐渐衰老，由黄色变为蓝色，最后又循环为越来越红，步入老年。此外，还有别的关于恒星演化的学说。

（三）恒星的温度

一块金属物受热变蓝时，其温度要比变红高，由此可以推测出蓝星的大气温度高于红星。许多研究结论证实了这个观点，光谱序同时也表示温度递减的顺序。对恒星光谱的检验证明了这一点，并且获得了各型恒星的温度值。此外，最近几年已经可以测出恒星散发的热量了。

在介绍太阳的那一章里，我们曾提到过利用水在光照下的温度变化来估算太阳的温度。当然这种粗略的算法并不适用于其他恒星。这个任务由帕迪特与尼克尔森利用另一种方法完成。他们在威尔逊山上用2.5米的望远镜将一颗恒星的光聚焦在细微的热电偶上，并通过电流计的指针偏转来研究该恒星的热效应。即使是比能见度暗淡几百倍的恒星，仍可以用这种方法测算其温度。此外，这两人还用同样的方法测量行星与月球表面的温度。

蓝星的表面温度约为10000~20000℃，甚至更高，黄星则约为6000℃，而最红的星只有2000℃左右。虽说如此，但即便是温度最低的星，也是很热的。

在恒星光球的内部，温度随着深度的增加而递增，其中心温度或许能达到几百万、几千万度。恒星发光的原因并无歧义，人们一致认为是恒星中心的热核反应带来了巨大的光能，在这个过程中，氢聚变为氦、氦聚变为碳、碳聚变为氮、氮又聚变为氧……直到聚变为铁为止。

（四）巨星与白矮星

不同恒星的实际亮度或者说"光度"差距悬殊。假如我们将它们与太阳在相同的距离上并列排开，就会发现有比太阳亮一万倍以上的，也有不到太阳1/10000的。事实上，天文学家们只以恒星位于某一标准位置上的亮度为观测对象。有关这个距离是怎么判定的，我们要到下一章才会讲到。

我们在一张方格纸上画一个点，代表一颗处于某一位置、光度与谱型已知的恒星，这便是"光谱光度图"。用水平线表示不同的谱型，从左往右是蓝星到红星；用垂直线代表不同的实际亮度，以太阳的亮度为单位从下往上递增。

大部分恒星，包括太阳在内，都位于左上方至右下方的斜线附近，这就是"主星序"。沿着斜线往右，恒星亮度逐渐变低，同时逐渐变红直至变暗消失。

在主星序上面，有两个点群，它们分别代表光度平均比太阳大百倍左右的"巨星"，以及大几千倍的"超巨星"。我们来讲讲某类不寻常的恒星，比如红色M型星。它们的颜色、表面温度相同，每平方米的表面亮度也相同。巨星与超巨星比同型的主序星亮许多倍，也就是说，它们的表面要大许多倍，它们亮这么多是因为要大这么多。

另外，还有一小群点分散在左下角，这就是"白矮星"，其中最广为人知的是天狼星暗淡的伴星。既然它们与白矮星相比亮度小了千倍以上，因此表面自然也小了千倍以上。白矮星比主序星中的红星亮，但却比它们小，因为它的每1平方米比红星的更亮。

（五）恒星的体积

测量恒星的质量与测量行星差不多，都是借助它们对附近天体的引力大小。我们之前讲过，要测量出一颗像水星这样没有卫星的行星的精确质量是很难的。相反，如果有卫星的话，就容易多了。而要想测出一颗单独恒星的质量是难上加难。因为恒星周围的空间巨大，而它对另一颗的引力作用是无法测算出来的。

好在为了完成这个任务，望远镜发现了几千对双星，其中有许多是成对互绕的。分光仪又将许多更为靠近的双星显示出来。在某个特定的距离上，其公转周期与2颗星合体后的质量成反比。要想知道这个质量，只需测算出其平均分离距离与公转周期就可以了。并且有时还能得到该双星中其中一颗的质量。

以上关于双星的研究表明，恒星的质量几乎都是平衡的，基本上都是在太阳的1/5到5倍之间。这些构建宇宙的恒星的物质组成基本上都差不多。太阳在其中处于中游，它绝非一颗上不得台面的恒星，正如一些人希望我们坚信的那样。因而我们可以有理由自豪了。

我们之前已经了解到了关于恒星大小的一些情况。在主序星中，比太阳蓝的体积较大，比太阳红的体积较小，白矮星要小得多，而巨星要大得多，红色超巨星则是最大的。根据图表进行的推算得出了与上述相同的结论，并且还计算出了单颗恒星的粗略直径。

用测量月球与行星直径的方法来测量恒星是不现实的，因为即使是最大的望远镜也不能获得恒星的真实球面。想到这一点，我们不得不佩服天文学家们的智慧，他们竟从我们眼中的光点一样的星星中搜出如此巨大的信息量。

既然恒星的质量大体均衡，而其体积相差又如此悬殊，那么恒星的密度也就差别很大了。红巨星的物质分布就极为分散，譬如心宿二就只有地球空气密度的1/3000。

相反，白矮星的密度却大得匪夷所思，在以前甚至认为这是不可能的。它们的体积与行星差不多，但在物质的量上却与太阳相似。天狼星暗淡的伴星的平均密度大约是水的3万倍。某些观点认为，在如此高的温度下，原子都分解了，因为才能出现地球上无法得到的高密度物质。

即使这有着无法辩驳的证据，但仍然很难令所有天文学家与物理学家信服。假如没有足够的证据的话，人们确实很难相信天狼星伴星的密度比水大3万倍——也就是说，这颗恒星中的一个普通玻璃杯就重达七八吨。按照相对的原理，密度极大的恒星的光谱中线必定偏向红方。而在威尔逊山与里克天文台，这种偏移已经被观测到了。

（六）变星

大部分恒星发出的光都是恒定的。这巨大的光能来自恒星的光球的内部，发生在里面的反应竟然能够每一秒、每一个世纪都将持续不变地将为光球提供能量，这真是令人难以置信。然而，有很多恒星的辐射能量却并非是持续不变的，我们称其为"变星"。这种变光的恒星我们后面再讲。

位于鲸鱼座的蒭藁增二在1596年被发现，它是人们发现的第一颗变星。在望远镜的观测下，它有时是九等星，有时又突然变亮了数百倍，成为即使用肉眼也能看见的亮星。这种波动周期大约为11个月。蒭藁增二是树木巨大的"长周期变星"中的一员，它们都属于红巨星或者超巨星。而有很多别的红巨星，比如说参宿四，其亮度的变化很小并且没有规律。有几群星的变光可以部分观测到。

"造父变星"是当今研究的热门焦点，它们也确实具有很大的研究价值，这在下一章我们将会讲到。它的名称来源于仙王座δ星，是这种变光的最原始证据：标准的造父变星都是黄色的超巨星。它们的变光在周期与模式上都表现出很强的规律性，其周期大半约为1星期，虽然其中有1～50天的各种类型。这些恒星的亮度变化不仅体现在量上，也体现在质上，它们在最亮的时候要比最暗的时候约增加一个全谱型的蓝度。

不过约有一半的造父变星并非这么标准。它们与其他恒星相似的地方很多，但不同点也不少。由于它们时常出现在大球状星团中，因而被称为"星团造父变星"。它们都属于蓝星，其变化的周期约为半天。肉眼是无法看到它们中的任何一颗的。

在一般情况下，我们假设造父变星，或许也包括所有其余的真变星的变光是由其自身的脉冲造成的。简而言之，就是认为变星是在有规律地一张一缩的，其巨大的内部能量使恒星变亮变蓝。它在膨胀后又逐渐变冷，因而渐渐变暗变红。这种变化达到某一点上限后，恒星的温度已经不能再变低了，因此便又开始收缩。这种变化达到某点上限后，恒星的温度已经不能再变低了，因此便又开始收缩。这种脉冲过程一旦启发，就会持续很久。以上这种简单的学说存在着一个明显无法解决的难题，就是当造父变星处于最收缩的状态时，它的亮度并不是大的，亮度最大的时候其实是在此后的1/4个周期的时候，此时它膨胀得极为厉害。很明显，恒星变光的问题与恒星的本质属性是紧密相连的。

三、恒星的距离

关于测量宇宙间天体的距离的原则，我们在太阳系的比例尺相关内容中已经提到过。测量月球与其他离地球较近的天体时，我们是以地球的半径或者地球上两观察点之间的连线为基线的。但即使是离我们最近的恒星，这条线也不足以测量其中的距离，因此我们便以地球轨道的半径或者地球轨道近两极处的连线为基线。虽说分割出超出很多的两个观测点，但得到的关于恒星位置的误差却很小。

如图5-5所示，左边的小圆表示地球轨道，S为距离较近的某恒星，虚线代表恒定不动的遥远恒星T的方向。当地球运行到P点时，测量2颗星之间的SPT夹角；运行到Q点时再测量SQT夹角。用两角之差即PSQ角来除以2，，就得到了这颗星的"视差"，严格来说是相对的视差，因为T星也是会移动的。将这细微的移动测量出来就可以得到绝对视差了。

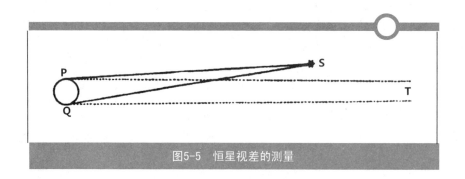

图5-5　恒星视差的测量

事实上，观测一颗星的方向，两次太少了。恒星虽然看似岿然不动，其实是在飞速运行的，因而其运行方向会不断变化。在望远镜中，那些较近的恒星的这种"自行"情况尤为明显。

因此，在中间间隔了半年的两次观测中，对于观测结果中有多少是源自恒星的自行，多少是源自观测者自身的位置变化，我们不得而知。为了将这两种原因区分开，观测时间需要延长到两三年以上。

当下的视差测定使用的是摄影法。。将一架长望远镜对准需要测量的恒星。将底片放在望远镜焦点处曝光。半年后再用另一张底片曝光同一区域。在得到的照片中，该恒星的位置就根据其他较暗且距离较远的恒星来精确测定，这些其他恒星就是比较星。这项测量工作需要细心审慎，因为哪怕是距离最近的恒星，其移差也只有1.5弧秒，相当于在3.2千米以外的地方观测到的一个直径2.5厘米的物体所得到的对角。并且大部分由此得出的视差都要比这个小得多。

确定了视差值之后，这颗恒星的距离就很容易计算出来了。而表示这个距离的方式就是接下来面临的问题了。该距离的天文单位值由视差除206265得到。半人马座α星曾一直被认为是距离我们最近的恒星，它的视差是0.76弧秒。由此可得出它的距离是40亿千米，比太阳大27万倍。由于数目太大，天文学家便利用一种更大的基本单位，比如光年或秒差距来表示。

"秒差距"表示视差为1弧秒时的距离。事实上并无恒星距离我们这么近。用视差除以1，就可以得到以秒差距为单位的距离数值，如半人马座α星的距离是1.3秒差距。

"光年"表示光行一年所经过的距离，以千米表示。光每秒行驶299792万千米，一年就是9.5万亿千米。1秒差距约等于3.25光年。如半人马座α星的距离是4.3光年。

最近的比邻星比半人马座α星近3%，距离太阳4.17光年。它是一颗望远镜可以看到的十等星，位于距离半人马座α星约2°的位置。或许与那颗亮星有着物理学上的联系，我们只能通过望远镜才能看到面向我们这边的按星表顺序排列的第三、第四、第五颗星。如果我们不知道恒星的真实亮度差异悬殊的话，肯定会对这5颗星中的4颗都是肉眼不可见的这个事实感到诧异。

明亮冠绝全天的天狼星正是这个表中的第六颗星，它距离我们8.8光年。它的明亮一方面是因为距离近，另一方面原因是它自身的发光度本就是太阳的26倍。除它以外，在最明亮的恒星中还有4颗距离在30光年以内。它们按照由近及远的次序是：南河三、河鼓二、织女一、北落师门。

直接视差测量法能够极为有效地确定附近恒星的距离，大约有两千多颗恒星的视差是通过这种方法测量的。不过这种测量法的精密度会随着距离的增加而逐渐降低，到了200光年的距离以外时，我们在地球轨道两边观测到的恒星方向的变动已经细微到无法用目前的望远镜观察到了。既然基线太短，就应当设法找到一根足够长的。

（一）太阳的运动

要想观测更远的恒星的方向改变，我们就需要一条更长的基线。那么问题是，地球会回到太阳以外的某个地方吗？读者们已经知道了答案，但却未必能够理解为何更长的基线还不能测量距离。

两百多年前，天文学家们经过研究后断定：恒星是在宇宙中运动着的。后来哈雷证实了这个推断。当时是1718年，哈雷，这位以哈雷彗星闻名的天文学家在观测中发现，在托勒密绘制星表后的1500年内，有几颗亮星的位置的确曾发生变动，其移动的距离大致与月球的直径相当。既然恒星一直处于运动中，那么属于恒星的太阳对于周围的其他恒星来说也应该是运动着的。

1783年，威廉·赫歇尔首次尝试测量太阳的运动方向。他认为，如果太阳和全行星系统在宇宙空间中做直线运动，那么恒星看起来必然是朝其反方向运动的。这种恒星的"视差劲"是与其"本动"混淆的。不过从总体上来说，位于我们前方的星肯定是以我们运动方向的那一点为中心向四周扩散的，而后面的星，则是向反向相对的那一点汇聚的。赫歇尔将前面的那个点——即"太阳向点"放在了武仙座中靠近天琴座的织女一的位置。在今后的观测中，我们也会这样做。

　　从恒星的这种视觉向后的运动中，我们只能推测出太阳的运动方向，而要测出它的速率，只能利用分光仪。我们知道，恒星的光谱是一条彩色的长带，上面一般会有暗线。根据经斐索修订后的多普勒提出的原理可知：通过光谱线我们可以推测出恒星的运动轨迹，光谱线往紫色方向移动，恒星就是相对地朝我们而来；相反，若是光谱线往红色方向移动，恒星就是离我们而去。速率越大，这个移动距离就越大。

　　位于太阳系运动方向的区域内的星都明显以最大速度靠近，而相反方向的星看起来就像是以同样的方式远离我们。里克天文台对全天恒星光谱进行的长达30年的观测结果，使我们更加深入地了解到了太阳的运动以及对其运动速率的测定。

　　以我们附近的恒星为准，太阳系朝着靠近武仙座0星的一点运动，速率为19.8千米/秒。这些恒星为准，地球就是在做螺旋运动，围绕着太阳运动的同时也与其一起往前运动。

　　地球在与太阳保持向前运动时经过的距离为其轨道的两倍。同地球环绕太阳所经过距离相比，恒星向后运动的距离增大了一倍，经过一个世纪就增大了200倍。太阳朝武仙座运动所产生的基线，初看起来似乎能够帮助我们测量恒星的距离：恒星的距离决定着视差移动，根据移动的总量就可以求出恒星距离。但可惜我们无法确定我们观测到的移动中有多少是属于视差移动，多少又是属于恒星的本动。因此，这种方法是行不通的，是无法用于单颗恒星的。

　　（二）恒星的绝对星等

　　正如我们观测到的那样，恒星的亮度是不同的。假设恒星的实际亮度都相同，它们在同样的距离上都发出同等量的光，那么测量距离就轻而易举了。我们姑且按照这个假设来考量2颗在观测中亮度不同的恒星，那么亮度较低的那颗距离必然较远。观测光点得到的亮度与距离的平方成反比，由此我们可以轻易地推算出这颗亮度较低的星比另一颗远了多少。然而，正如我们所知，恒星之间的实际亮度是不同的，于是我们假设：能不能确定某一颗距离未知的恒星的绝对星等呢？这样我们就能轻松地用其绝对亮度与观测亮度的差值来计算出距离了。最近似乎找到了这种方法。我们先来认识一下什么是"视星等"与"绝对星等"。

2000年前的天文学家们将可见的亮星以亮度为标准划分为六等。一等星约有20颗亮星；除此以外的最明亮的星[①]分为第二等；以此类推到第六等，就是肉眼所能看见的所有星星了。这就是"视星等"，即按照实际看到的亮度划分的等级。

望远镜问世后，星等就扩大到了望远镜的能见范围。二十一等的暗星也能用2.5米的望远镜观测到。此外星等的划分得到了改进，规定两个等级的星的标准比例是2.512。因此，一等星的亮度就是二等星的2.5倍。但有几颗亮度极大的恒星就需要重新划分等级了。譬如织女一调整为0等星，亮度最大的天狼星为-1.6等，太阳则是-26.7等。

这些就是肉眼或望远镜中观测到的"目视星等"。一般情况下，目视星等相同的2颗星，红星在底片上的亮度要暗一些。"照相星等"同视星等并不相同，特别是对红星而言。除此之外，还有其他的星等系统，是按照观测工具划分的。

绝对星等指的是某颗恒星正好位于10秒差距处所对应的星等，此时它的视差恰好是0.1弧秒。由此可知，心宿二的绝对星等是-0.4，天狼星是+1.3，太阳

---

① 例如北斗七星中的六星。——译者注

是+4.8。在10秒差距的标准区间内，心宿二与最亮的金星相似，天狼星是一等星，而太阳则是一颗暗星。

通过简单的推算就可以看到：当太阳位于20秒差距以外时，肉眼就看不到了。当太阳位于6300秒差距或者2万光年以外时，即使动用最大的望远镜也难以找到它。

对于那些直接视差观测范围以外的遥远天体的距离，目前的测量方法是确定其绝对星等。而要想确定一颗距离未知的恒星的绝对星等，目前可以使用的方法有两种：一是对恒星光谱进行深入的特别研究，二是观测造父变星。

四、恒星系统

恒星在选择旅伴上与人类有一些共同点。有的恒星独自以直线运动前行，其速率不发生变化，不受外界干扰；有的则出双入对，或携手前行，或相互环绕对方旋转，这就是"双星"。此外，还有一些聚集为小群的星群，我们称为"聚星"；另一些集结为庞大群体，名为"星团"。但不管是单独一颗还是结伴成群，都属于宇宙各大群星系统之内，这个系统就是"星云"或者"星系"。聚居是天体的显著特征，下面我们来讲讲这些汇聚着恒星的各种系统。

（一）分光双星

在肉眼观测下，许多恒星常常分为2颗。同样，大望远镜中的单颗星在分光仪中也一分为二。如果其运行轨道的平面并没有朝向我们的话，那么它便会时而靠近时而远离。当它靠近时，其光谱的线条便移向紫色；远离时则移向红色。这就是人们熟知的多普勒效应。因此，假如某颗恒星光谱中的线条左右摆动而又与太阳公转无关的话，那么这颗星就属于"分光双星"。其左右摆动的周期就是它运动的周期。假如伴星也具有一定的光亮的话，光谱中也同样会出现它的线条。如果2颗星恰好是同一谱型，那么这两条相似的花样线就会对称移动。由于这种原因，线条有时会是单条的——当它们正好重合的时候。

人们发现的第一颗分光双星是北斗星座中的开阳。这实在是很奇怪，因为它也是第一颗被发现的目视双星。1889年，在哈佛天文台首次获得了这对目视双星中较亮的那一颗的光谱，在照片中有时是单独的，有时却是重复的。如果用望远镜观察这2颗星，它们是不会分离的。它们以20.5日的周期环绕对方运动。它们之间的平均距离大约比天王星到太阳的距离稍远一些。

此后陆续发现了一千多颗分光双星，其中最明亮的有五车二、角宿一、北河二等。其中五车二由2颗亮度相似的黄色星组成，周期为102日。角宿一的2颗蓝色星之间的距离更近，周期为4日，互绕的速率为130千米/秒和210千米/秒。在望远镜的观测中被分开的北河二的一对星，每一颗都是分光双星，因此肉眼看起来就有4颗星。这种双星有很多类型，有的几乎合为一体，周期仅数小时；有的周期长达数月，几乎可以用未来的大望远镜赖来分为目视双星了。

在很多双星的光谱中，都会出现3条保持不动的暗线，这就是夫琅和费谱线的紫色中的H以及K钙线，以及黄色中的双D钠线。一些观点认为，这些暗线是由于地球中的极为稀薄的气体吸收了光线所造成的。

双星的数目庞大，大约每4颗星中就有一颗是双星或者聚星。一些天文学家甚至认为，像太阳这样的独个恒星是很少见的。或许当彻底弄清了恒星的本质之后，我们就能找到双星数量庞大的原因了。试图说明双星的形成问题的分体学说具有很大影响力，它认为高速的旋转可以将一颗恒星撕裂为2颗。甄思还将造父双星的脉动起源也归于这个撕裂过程。这2颗星一经解体就形成了互相靠近的分光双星。在相互吸引力的作用下，分体与旋转的周期会得到延长，但还达不到相互距离遥远的目视双星的那种程度。

暂时先不考虑以上这些论述，双星系统最重要的贡献在于能够帮助我们测定恒星的质量。其中目视双星的质量最好计算：以秒为单位的视差的立方乘以以年为单位的周期，得出的值再除以弧秒为单位的两星之间的平均距离的立方，就是2颗星的总质量。这个质量以太阳质量为单位来表示。我们曾说过，单独的恒星的质量与太阳的质量相差不大。因此，我们可以将后者当做这段规则中质量的总和，再来算出双星的视差，从而就得到了精确度很高的距离的值。

（二）食双星

轨道的边线朝向我们或者两者很靠近的分光双星，我们称为"食双星"或者"食变星"。其中最早被发现的英仙座中的"妖星"大陵五最为著名，它的变光周期是很精确的2日21小时。在两天半内，其亮度保持不变，用最精密的测量仪器才能发现一丝细微差别。此后的5小时中，它就逐渐开始暗淡下来，一直暗到只有平时的1/3。再过5小时，它又逐渐复原。

在这光度变化明显的10个小时内，亮星被较暗的伴星部分吞食。可以断定这是偏食现象，因为其光亮恢复之后立刻就重新暗淡了。如果是全食的话，光度会保持最小值。而如果是环食，即前一颗星全部投影到后一颗星上但又没有将其完全遮住，同样会具有最小的光度，并且其暗淡与恢复的性质也略有不同。有一些食双星可以体现出全食与食蚀的特征。

在两段主要食的间隔期间，光度有时也会出现变化，并且有可能会很激烈，特别是当亮星吞食暗星约一半的时候。除了这个变化之外，2颗星同时也不再是球形体了，它们因为自传而发生两级压扁，又因为相对作用而被拉成长条。

准确地测量食双星在变光过程中的光度变化，同时仔细研究光谱，就能够大致弄清与这2颗星及其轨道有关的所有问题。由此推算出的恒星体积与形状具有最大价值。除了大陵五以外的其他肉眼能见的亮星中，属于食双星且足以观测到其变化的星有：天琴座β星、金牛座λ星、武仙座μ星、天秤座δ星。

蚀星系属于分光双星中的特例，大多数的轨道边都是朝向地球的。如果从恒星系统其余部分的角度来看，这些恒星并没有任何变化，而其他在我们眼中并无变化的靠近的双星此时却由于交蚀而改变光度。

（三）星团

星团并非是在旅途中偶然的汇聚，而是有规律地结合在一起运行。星团分为两种：一种是"疏散星团"，由于它们都位于银河内，因此又名"银河星团"；另一种是"球状星团"。

在距离我们较近的几个星团中，最明亮的星几乎都能是肉眼可见的。昂星团就是其中之一，7颗可见的亮星在秋冬季节的天穹上组成短柄小勺。视力敏锐的人可以从中找到9或10颗星，不过在望远镜中还能够看到更多星。在昂星团的南面有一团显眼的疏散星团，也是位于金牛座，这就是毕宿星团。它呈V形，指向金牛的头部，红色亮星毕宿五也位于其中，但它并不属于这个星团。

疏散星团的成员们的运动保持着一致。有的星团由于距离我们很近，所以能够观测到这种运动，我们称它为"移动星团"，比如毕宿星团。这个毕宿五除外的V形星团同附近的恒星都朝向东边，它们的轨迹并不是平行的，而是像许多条道路一样通向远方相同的一点，这就说明它们正在往后退行。大约在100万年前，它距离我们约65光年，而现在这个距离已经扩大了一倍。不到一亿年，望远镜中的这个星团就会成为一个暗淡的点，已经移动到了猎户座红星参宿四附近了。

我们同样位于这样一个移动星团之中，但其中并不包括太阳。这个星团的一部分在北边形成北斗，不过并不包括其柄尾和指极星上的2颗。此外，南边的天狼星以及其他一些分散远离的亮星都属于该星团。在未来的时光里，它们将会逐渐离我们远去，变为普通的疏散星团的样子。

　　用肉眼看的话，一些疏散星团就试试一缕雾霭，别名"蜂巢"的鬼星团就是其中的典型。它位于狮子座镰刀状的两条边的附近，属于黄道带中的巨蟹座。即使用望远镜也能看清这块暗淡的云斑中星团的大体轮廓。另一块云斑位于银河中里仙后的宝座不远的位置，属于英仙座。用小型望远镜可以看到那个位置两个星团，这就是英仙座双星团。在望远镜中，我们沿着银河追溯而去，还能偶遇一些美轮美奂的疏散星团。或许我们会想到，这些星团中的一部分在不久前看起来还像是远离这条光带的。狮子座与牧夫座中间的后发座星团位于银河的北极附近。

　　作为对测量距离极有帮助的因素，造父变星和星团变星都没有出现在疏散星团中。实际上，在这类星团中从未发现过变星的踪迹。为此，天文学家们找出了其他的办法来测量它们的距离。里克天文台的特兰勃勒测量出了一百多个星团的距离和体积。让人诧异的是，这种星团的直径越大，其离地球的距离似乎就越远。

　　我们需要对这类事实加以说明。我们无法相信地球会占据这么重要的地位，竟然使那些星团整齐划一地朝向它。这大小的逐步增大似乎是由观测计算中出现的特殊情况造成的。我们在进行距离测定的时候，是以宇宙空间完全透明为前提的。但是，如果其间布满了极为稀薄的雾状物，那么遥远的星团就会因为这层介质而变暗，因此其真实的距离就要远些。要想将它所形成的角度填满，它的大小就要增大许多。而这种修改必然会导致更远的星团的体积变得更大。

　　为了解释疏散星团的测定距离不断增大的情况，特兰勃勒假设在银河的平面上存在着一层厚度达几百光年的吸附物。一颗距离为3000光年的恒星，经过这层吸附物后，其亮度就只有原来的一半了。距离银河很远的天体并不会受到这层吸附物的影响，但在银河平面上汇集成群的疏散星团就恰恰相反了。

因此，那些构成银河的星云也必然受其影响。穿过这层吸附物后，它们都变暗了，因此看起来也就比实际距离要远得多。于是，整个银河系就从原来的直径20万光年缩短到了三四光年左右。上述文字讲的是特兰勃赫在研究疏散星云时提出的观点，这个观点还有待认真考察。

（四）球状星团

第二种星团是更大更壮丽的球状星团。这种大星团位于我们系统的边缘地带，远离了银河集聚之地。在那里的恒星是很少的。已知的球状星团有121个，其中10个是在麦哲伦云中发现的。

其中距离最近、亮度最大的是半人马座ω星和杜鹃座47号星，在北纬中段是看不见它们的。它们的距离大约是2.2万光年，是云朵形状的四等星，因为可用肉眼看到。在望远镜中，它们都是恒星汇聚而成的球状物，其体型略扁，说明它们正在旋转，就像地球那样。经过长时间曝光的照片显示出，它们是由几千颗恒星组成的，但由于中心位置太过密集，因此该数值并不精确。

在北纬中段的观测者们能够通过望远镜见到的最壮观的星团是武仙座大星团M13。它大约出现在盛夏的夜空中。如果将武仙座比作蝴蝶的话，那么在蝴蝶的头部到北边翅膀尖端2/3的地方，就能够找到这个星团。在最佳条件下，肉眼似乎也能看到它。但只有通过望远镜，才能一睹其壮丽的风采。

武仙座大星团与我们相距3.4万光年，因此只能看到其中比较明亮的恒星。那些亮度低于太阳的，就是使用大望远镜也看不出来。即使如此，能观测到的足有5万颗，这比我们肉眼能够见到的全天的星还多出20倍。因此，武仙座星团的恒星数量必然会在数十万颗以上。星团密度最大的那部分直径约有30光年，星团中大半的星都在70光年内的区间。与太阳一样大的区域内数量却要大得多。假如我们生活在这个星团的中心区域的话，我们的星空将会比现在璀璨得多。

夏普利在威尔逊山与哈佛将球状星团的距离都大致确定了，约为2.2～18.5万光年之间。这些星团远离银河平面的中心，均匀的分布在两端，这说明与其中的星云系统有一定的关联。球状星团分布在直径20万光年的空间内，这个空间的中心点距离地球约有5万光年的距离，位于人马座的方向上。如果说这些星团构成了了银河系的大体雏形，那么我们的系统的直径就是20万光年，而中心就位于人马座的方向上，距离我们5万光年以外的地方。

（五）银河中的恒星星云

在夏秋季的夜晚，北纬中段的观测者可以欣赏到银河最美的一部分。它像一条荧光带，从东北到西南，横挂在天穹之上，在远离人造光的地方，这是肉眼能见的最美景色之一。

沿着银河往东北地平方向而去，就会经过英仙座、仙后座、仙王座、直至北方大十字区，在仲秋之夜这里已经抵达穹顶了。银河在此处分流为平行的两条，一直到南十字座。这种情况并非真实的分支，而是一些暗淡的宇宙尘云挡住了外面的恒星造成的，关于这个问题，我们在下一章中会详细讨论。

沿着天鹅座往南，西支流逐渐变暗，在接近地平的时候又重新变亮。而东支流在经过天鹰座时变亮，之后就汇聚为壮丽无匹的盾牌座与人马座星云了。这个区域，以及附近的蛇夫座、天蝎座附近区域，在银河中都是很显著的，无论是在肉眼中还是望远镜中。短焦望远镜能够很清晰地拍摄出其细节。巴德纳拍摄的北纬中段的银河照片是最壮丽的。他先是在威尔逊山用25厘米的布鲁斯望远镜拍摄照片，然后又在叶凯士天文台拍摄了剩余部分。

银河在南方的地平线下穿过半人马座，在此处分流后又经过南十字座，这里是最靠近天球南极的地方。之后它又往北二区，在冬季天空形成一条宽宽的河流。这段银河不如夏季明亮，且明显的星云也比较少。农历11月，它经过两颗犬星与猎户座，又穿过双子座与御夫座重返英仙座。

在银河上，银河系的星云呈现为一个环形的投影。显而易见的是，经过这条光带的圆面代表着这个扁平系统的大体平面。我们需要做的就是根据这个投影绘制一幅该系统的完整图。在下一章中，我们将会讲到这种图在绘制上的取得的进展，以及天文学家们对这个系统之外的河外星系的探索与发现。

不管是暗星云还是亮星云，都是银河系重要的组成部分。首先我们应当观察银河系中的星云。

第二章

· 星云 ·

在过去，不仅是银河中的星云，天上所有的暗斑都被人们称为"星云"。有些是肉眼可见的，在望远镜中还能发现更多。

一些星云被冠以特别的称呼，譬如猎户座大星云、北美洲星云、三叶星云。通常用梅西耶制作的103星云表来对那些较为明亮的星云进行编号。用小型望远镜观测这些星云时，很容易与彗星混淆，比如位于仙女座的M31。但星云的编号现在都用德维尔制作的新表来表示了。这个新表分为两部分，其中包括了13000个星团与星云。仙女座大星云的编号是NGC223[①]。

最初，天文学家们在有关星云本质的问题上各执己见。康德认为它们是遥远的星系，即岛宇宙。威廉·赫歇尔则认为，某些星云并不是恒星，而是一种能发光的流动物体。拉普拉斯也提出了著名的星云假说，认为太阳系本身就是气体星云的聚合物。但后来出现的更大的望远镜否定了星云就是气体的这个假设。类似恒星的星云逐渐增多。到了19世纪中期，罗斯爵士所使用的当时乃至后来一段时间内最大的1.8米反射望远镜，就清晰地显示出星云就是在遥远的空间汇聚的星。

———————

① 在新表中编号是223。——译者注

不过也有例外。将分光仪引入到天文观测中的英国人哈金斯，证实了赫歇尔关于某些星云属于"发光的流动物体"的猜想。他在1864年用分光仪对天龙座星云进行观测，发现了一种明线的花样，这就是气体的光谱。现在，这个问题已经弄清了，确实存在属于气体的星云。不过有些星云的光谱中虽然有类似恒星的暗线花样，但却不能证明其属于恒星团。有关星云，还有许多未知之谜等待人们探索。

时至今日，银河系中的所有星团都与星云明显地区分开来。并且还发现，那些我们从前看做是星云的物体，大部分都是遥远的星系。在银河系与河外星系中，严格意义上的星云大体有两类：明亮的或暗淡的弥漫星云、行星状星云。

一、明亮的弥漫星云

最有名的明亮弥漫星云莫过于猎户座大星云。肉眼望去，可以看到它属于猎户座的佩刀三星正中间的那颗，处于腰带上较亮的3颗星南边一点的位置。用望远镜观测就会发现，它大致呈三角形，亮度比较暗。该星云面的距离看似约为满月的2倍，实际上却是长达10光年的巨型云状物。将大视场望远镜拍摄的照片长时间曝光，就会看到完整猎户座的一大半都被更加暗淡的星云所遮挡。

另一个绝佳的例子是位于人马座的三叶星云。它看起来似乎分散为3块或3块以上的物质，因为其中有暗淡的宽大裂缝。事实上它们是暗星云，时常附着在发光体上。昴星团中最明亮的星都被包裹在这块星云中，为该星团的照片增色不少，不过用望远镜看仍只能见到平时的那些星。通常那些在照片中极为特别的星云，即使通过最大的望远镜也是不能直接看到的。

北美洲星云就是这样的。由于其形状像北美洲，因此海德堡的沃尔夫就以此为它命名。它位于天鹅座的北十字顶端的亮星附近，在照片中尤为夺人眼球。在该星座中还有一颗逐渐膨胀的卵状环形星云，人们猜测它是由一颗恒星爆炸所产生的。如果真是如此，并且其膨胀速度保持恒定的话，就可以推算出这颗新星的大爆炸大约发生在10万年前。这个星云中最亮的那部分分别是网状星云与丝状星云，都是以其形状命名的。

以上都是明亮的弥漫星云的范例，我们通过望远镜尤其是照片曝光，发现了许多这样的星云。有些位于银河内或边缘地带，也有些远在银河系之外。在银河之外的最大弥漫星云，目前已知的是大麦哲伦云，其编号为剑鱼座30号，直径超过100光年。

弥漫星云有巨型的气体与微尘云团组成的，在很多方面都与彗星的膜状尾部相似。让人惊讶的是，它的密度竟然比实验室中能得到的最精确的真空密度还要小，而它之所以能够被我们看到，完全是因为星云的云状物厚度极高。如果我们身处北美洲星云中，就很难发现它了。

二、星云的光

是什么导致了星云发光？其自身稀薄的物质明显不可能会因发热而发光的。这个问题困扰了天文学家们很久，最后由哈勃解决了。他利用威尔逊山的大反射望远镜对星云进行了彻底的研究，最后得出结论：是附近的恒星导致了星云的发光。几乎每种星云的发光都得益于附近或者位于其内的恒星。这颗恒星光度越大，星云的发光的范围也就越大。但并非所有的星云光都是简单地反射恒星的光。

用分光仪对此进行观测，就会发现星云光与相关恒星之间有趣的联系。除开温度最高的恒星，其余恒星的光都与相邻星云的光相似。两者具有相同的暗线光谱、暗线花样。昴星团附近的星云就是其中的典型。不过，猎户座大星云，以及其他临近最热恒星的星云所发出的光却是另一种情况。这些星云的光谱与恒星光谱不同，呈明线花样。那么我们从这些关系中能够发现什么呢？

对于第一种情况，科学界的观点并不统一，有的天文学家认为那些星云只是在简单地反射星光而已。但一些明显光谱的星云表明，此处的星云光显然不是恒星光，但其对应的恒星却依然起到了照亮的作用。这种情况让我们想到了极光以及彗星的光，两者同样不是日光的反射。由此我们认为，猎户座星云此类的发光同极光相似，都是在邻近的热星的影响下形成的。

星云光的光谱中的明线一直困扰着科学家们。这些明线中一部分确实是我们熟悉的氢氦元素，但还有一部分是我们在实验室中从未见过的。难道星云中真的有地球上不存在的元素吗？我们将这种未知元素称为"氢"，就像在以前为太阳中的"氦"取名一样，"氦"以前同样也是在太阳光谱中首次被发现，然后在地球上得到证实的。虽说如此，但"氢"并不是一种元素。星云光谱中那些困扰人们的明线，其实是普通的氧氮元素在那种特定的环境中形成的，这是实验室所不能模拟的。这样就能理解了这种令人迷惑的明线了。

通俗天文学

附　篇
增补知识

第一章

· 天文观测器材 ·

一、折反射望远镜

折反射望远镜的物镜既包含透镜又包含反射镜，使得天体的光线同时受到折射和反射，是将折射系统与反射系统相结合的一种光学系统。通过校正轴外像差以取得良好的光学质量是这种系统的特点。应用最广泛的折反射望远镜有施密特望远镜、施密特-卡塞格林系统、马克苏托夫望远镜及马克苏托夫-卡塞格林望远镜4种类型。

折反射望远镜最早出现于1814年。1931年时，德国光学家施密特对其实施了改进。他所用的改正镜是一块与平行板类似的非球面薄透镜，结合球面反射镜之后，一架能消除球差和轴外像差的施密特式折反射望远镜便诞生了。如今，施密特望远镜已经成了天文观测的重要工具，因为它光力强、视场大、像差小，对大面积的天区照片的拍摄效果极佳，尤其是在拍摄暗弱星云时效果非常突出。

1940年时，马克苏托夫也制造出了另一种类型的折反射望远镜。它的改正透镜呈弯月形，两个表面的曲率和厚度都很大。它的所有表面均为球面，相对于施密特式望远镜，它的改正板更容易磨制，镜筒也较短。但施密特式望远镜的视场比它大，对玻璃的要求也没它这么高。

由于折反射望远镜具有视场大、光力强等特点，所以对流星、彗星、星云的观测和大范围的巡天照相具有相当好的效果，非常适合业余的天文观测和天文摄影，深受广大天文爱好者的喜爱。

二、双筒望远镜

当你观看一场球赛、演唱会或是天上的飞鸟，又或者是欣赏200万光年之外的银河、月球上的坑洞、围绕木星的几颗卫星及无数星星时，双筒望远镜是你不错的选择。很多人都错误地以为在天文观察上，双筒望远镜是没有多大用处的。恰恰相反，很多资深的天文观测者反而对它情有独钟。

双筒望远镜有两种，一种是伽利略式，一种是开普勒式，它们所采用的都是折射系统。伽利略式双筒望远镜具有结构简单、光能损失小、镜筒较短、价格较低的特点，但是它的放大率一般在6倍以内，若是放大率再加大，视场就会迅速减小且边缘变暗，成像质量也会下降，因而这种双筒望远镜应用不是很广。开普勒式双筒望远镜是现在使用较普遍。它的视场比伽利略式的大，而且成像更加清晰，唯一的不足就是它所成的像是倒立。但是，在它的光路中放置转像棱镜或转像透镜便可呈正像，这些转像装置在地面观测中是不可或缺的。就天文观测而言，像的倒正其实无妨，不过正像望远镜对于初学者寻找星体要方便些。

开普勒式双筒望远镜常用的转像棱镜有普罗棱镜和屋脊棱镜两种。使用普罗棱镜的双筒望远镜较宽，两块物镜的间距比目镜的间距大，这对增强观察近处物体时的立体感起到了很好的作用，所以普罗棱镜是最常用的一种棱镜。有些紧凑的双筒镜采用倒置的普罗棱镜，物镜的间距比目镜间距小，立体感也随之减弱了。普罗棱镜易于制造，比同等光学质量的屋脊棱镜的价格更便宜。

由于屋脊棱镜体积较小而且可以使物镜和目镜位于同一直线上的特性，极紧凑的双筒望远镜常常用它作为转像棱镜。与普罗棱镜相比，屋脊棱镜的主要缺点是：屋脊棱镜损失的光线较多，成像也较暗，并且难于制造；因为其对装配精度要求高，价格也较贵。

三、如何正确挑选望远镜

能否挑选一架符合自身需求的望远镜，是用户相当在意的一个问题。初学者通常不具备鉴别望远镜的能力和相关的光学知识，加之目前市场上充斥着大量低劣的望远镜，初学者又该从哪些方面入手进行挑选呢？

（一）望远镜的光学系统结构和倍率

确定购买望远镜的目的是首要解决的问题，只有确定了这个才能展开之后的步骤，着力分辨其性能。若购买望远镜的主要目的是观看球赛或演唱会，那么PCF结构的大型望远镜显然是不适合的，它又重又笨，举不了多长时间手腕就会酸，完全是破坏看球赛或演唱会的心情。

倍率除了放大视场角，也会加剧双手的晃动，所以倍率并非越大越好。一般情况下，6～12倍，更准确地说是6～8倍的倍率是最适合陆地上手持望远镜用人眼观察的倍率。超过12倍，视场角和入瞳直径都将变小，而人手的晃动却被成倍放大，手持观察就相当困难。军用望远镜大多在这个倍率范围内也正是这个原因，而部分海用的望远镜倍率可达15～20倍。

（二）望远镜的参数

通常，我们都会看到望远镜上印有类似于这样的参数：8×21和131M/1000M，这就是望远镜最关键的几个参数。前者代表望远镜的倍率和通光孔径，比如8×21代表倍率为8倍，通光孔径为21毫米，依此类推，参数为10×50，就代表倍率为10倍，通光孔径为50毫米。后者代表望远镜的视场角。

了解这个参数的含义对于我们辨别望远镜所印制参数的真伪具有实际意义。一般情况下，市场上的普通固定倍率望远镜都在12倍[①]以内，若是超过了12倍，我们就应当怀疑其真伪了。假如倍率在20倍以上，那我们就基本可以判定这是一个虚假的倍率。

通光孔径的判定则比较简单，通常它与望远镜的物镜直径差不多。例如，望远镜的物镜直径是20毫米，但望远镜上的参数却是20×50，毫无疑问，这个倍率必定是假的。

（三）望远镜的装配

在选购望远镜时要注意外观是否美观精细，平滑的饰皮和整齐的修剪是最基本的要求，其次检查外表面是否存在阻泥或油脂残余、泄露以及结构设计是否合理，调焦手轮的位置合理和手感灵活、平滑、舒适以及目镜部分的视度补偿旋转灵活，这些都是必备条件。

尤其要注意的是望远镜的光轴调校是否准确。正规的望远镜在出厂前都会采用专用仪器将左右镜筒的光轴平行度校正到一定的角度——发散≤35'，会聚≤60'。当光轴的平行度超出这个范围时，称为光轴超差，是属于严重不合格的产品。使用这种光轴超差的望远镜会出现头晕、眼疼等不良反应，长时间使用会对视力造成严重的损伤。因此，正规工厂会严格把控光轴的调校。

所有零售的光学望远镜一般都包含挂绳、擦镜布、干燥剂、镜包、包装盒

---

① 变倍望远镜可达15倍、20倍、30倍或者更高倍率，如常见的7—15×35、8—24×50、10—30×60等规格。

这些附件，选购时一定要仔细检查是否齐全。

（四）望远镜的光学元件

望远镜市场上采用废次品光学元件以次充好的制造商大有人在，因此，选择材质好的光学元件尤为重要。

鉴别望远镜的棱镜时，只需将望远镜倒置，从物镜端向明亮开阔的地方望去，假如看到一条黑色的破线或黑点出现在内部，那么无疑这是一副用废品拼装的望远镜，黑色的破线或黑点其实是棱镜出现的破脊、破点。

至于望远镜的透镜，只需仔细观察其目镜，假如看到的是无色而非淡蓝色，则说明目镜没有镀膜。通常望远镜的目镜有几片透镜，有的制造商用树脂镜片作为里面的几片透镜，这就使得像质极其差，尤其是色差和畸变极其严重。鉴别透镜是否是假货也很简单，将望远镜对准远方的浅色杆状物体，若是物体的图像边缘有一圈彩虹样的光线且望远镜的边缘视场非常模糊，那就是假货了。

第二章
·宇宙大爆炸·

　　描述宇宙诞生初始条件及其后续演化的宇宙学模型便是我们所谓的"宇宙大爆炸"，简称"大爆炸"。当今的科学研究和观测对这一模型有着最广泛且最精确的支持。大爆炸观点在宇宙学家看来是：大约在300～230亿年前，一个密度极大且温度极高的太初状态经过不断的演变、膨胀以及繁衍，最终达到了今天的状态。

　　首先提出宇宙大爆炸理论的是比利时牧师、宇宙学家乔治·勒梅特，尽管他并没有提出宇宙大爆炸这个名称，而称其为"原始原子的假说"。"大爆炸"一词是由英国天文学家、稳恒态理论的倡导者弗雷德·霍伊尔在1949年3月率先采用的。勒梅特认为，宇宙中的全部星系最初都是聚集在一起的，也就是原始原子，某一天这个原始原子突然爆炸了，将全部星系都抛洒进空间。这一模型的框架是在爱因斯坦的广义相对论基础上建立起来的，并稍微简化了场方程的求解。1922年时，前苏联物理学家亚历山大·弗里德曼将广义相对论应用在流体上，从而得出了描述这一模型的场方程。

　　1929年，美国物理学家埃德温·哈勃通过观测发现，地球到遥远星系的距离与这些星系的红移①成正比。哈勃的观测表明，所有遥远的星系和星团都在

———————————

① 红移：物体的电磁辐射由于某种原因波长增加的现象。

逐渐远离我们，并且距离和退行视速度成正比。假如当前星系和星团间彼此的距离在不断扩大，那么表明曾经它们的距离很近。这一观点也就是我们之前提到过的宇宙是如何达到今天的状态的，而在大型粒子加速器上模拟类似的条件所进行的实验结果则有力地支持了这一理论。

1964年发现的宇宙微波背景辐射是支持大爆炸确实发生过的重要证据，在测得其频谱并绘制出它的黑体辐射曲线之后，大多数科学家都开始对大爆炸理论深信不疑了。

到目前为止，由于受技术的限制，粒子加速器所能达到的高能范围还十分有限，对于膨胀之初的极短时间内的宇宙状态，仍未能找到足够的证据来对其进行直接或间接的描述。

第三章

·银河系·

2015年3月，通过利用斯隆数字巡天勘测数据对银河系边缘恒星的亮度和距离进行分析，科学家们发现银河系边缘竟存在犹如瓦楞纸板样的皱褶，凹槽中也有恒星存在。这些恒星区域也属于银河系，这也就意味着真实的银河系比之前认为的直径15万光年、中心厚度1.2万光年的体积要大50%。

一、探究银河系

其实人们对银河的认识可以追溯到遥远的古代，或许正是因了它那像河流般闪闪发光的投影才得其名，而真正开始研究银河系则是近代的事情。

科学家们对银河系的研究经历了一个漫长的过程。得益于望远镜的发明，伽利略利用其观测银河，得出恒星组成了银河的结论；1750年，银河系被英国的天文学家赖特认为是扁平的；1755年，德国的康德和郎伯特又认为恒星和银河之间形成了一个巨大的天体系统；1785年，英国天文学家威廉·赫歇耳利用恒星计数方法得出了银河系恒星分布为扁盘状、太阳位于盘面中心的结论，并将其形状绘了出来；1918年，太阳系应该位于银河系边缘这一理论被美国天文学家沙普利提了出来，他为此花费了4年的时间来进行苦心观测；1926年，银河系也在自转的现象被瑞典天文学家林得布拉德分析出来。

二、银河系概述

银河系由几千亿颗恒星和大量的星团、星云以及各种类型的星际气体和星际尘埃组成，而太阳系也在其中。它属于漩涡星系里的巨型棒旋星系，共有2条旋臂，而太阳位于其中一个支臂猎户臂上，与银河中心的距离大约2.6万光年。太阳系以220千米/秒的速度绕银河中心旋转，要花上大约2.5亿年才能旋转一周。

包括太阳在内的银河系里的大多数恒星都聚集在一个扁盘状的叫做"银盘"的空间里；银盘的中心有个凸出的部分，形状类似于球形，叫做"核球"，这里恒星高度密集；核球的中间部分是"银核"；在银盘的外面，是一圈直径为7万光年的银晕，其范围更广，但是星辰分布少，密度小；银晕之外还有物质同样呈球形分布的银冕，它的直径约为10万光年。

天文学家对银河形状的怀疑始于上世纪80年，他们认为其为棒旋星系而非普通的螺旋星系。2005年时，它核心的棒状结构得到了证实，并且远大于预期。该棒状结构主要由红色的恒星组成，大约长27000光年。

由于银河中心质量巨大，且结构紧密，加之又有许多星系的核心被认为是超重质量黑洞的所在的先例，那它自然也就逃不脱被怀疑存在超重质量黑洞的命运。

我们都知道，太阳系的行星根据与太阳的距离的不同，其运转速度也是不相同的，而银河系里的恒星运行却不是这样。恒星运行的速度大致固定在每秒210～240千米这个范围，与其距离中心的远近无关，只与轨道的长度有关。所以，轨道越长，运行周期就越长，反之亦然。

科学家们为探究银河系的年龄也是做了相当多的努力。经过各种测定方法，终于得出了银河系在宇宙大爆炸之后不久就诞生了的结论，也就是说，咱们的银河系几乎与宇宙同年纪。这样算来，银河系的年龄大约为136±8亿岁。

第四章
·恒星的演化·

一、恒星的诞生

巨分子云是恒星诞生的摇篮。它的密度为每立方厘米数百万个原子，是星系中大多数虚空每立方厘米大约0.1~1个原子的密度的百万至千万倍。一个巨分子云的直径为50~300光年，质量是太阳的数十万到数千万倍。巨分子云在环绕星系旋转时，可能由于互相冲撞、穿越旋臂的稠密部分，又或者是被邻近的超新星爆发抛出的高速物质击中等一些意外而发生引力坍缩。巨分子云碎片会因坍缩过程中的角动量守恒而不断分解为更小的片断，质量小于50倍太阳质量的碎片会形成恒星。这一过程中释放出的势能将气体加热，角动量守恒使得星云开始产生自转，而后便形成原始星。星系碰撞造成的星云压缩和扰动也可能形成大量恒星。

小于1个太阳质量的原始星的温度达不到核聚变的最低温度，它们会成为棕矮星，然后在数亿年的时光中逐渐冷却。部分质量更大的原始星的中心温度能达到1000万开氏度①，这时氢会开始聚变成氦，释放大量能量，使引力和斥力

---

① 开氏度：热力学温度，又叫热力学温标，符号T，单位K（开尔文，简称开）。0K=273.16℃。

达到一个平衡状态，从而停止坍缩，进入一个相对稳定的阶段。残留在恒星附近的巨分子云碎片会继续坍缩，继而成为行星、小行星或彗星等行星际天体。若是巨分子云碎片形成的恒星间的距离极小，那么可能会形成双星或多星系统。

二、恒星之死

恒星的质量小到太阳质量的1/2，大至20倍太阳质量，而质量大小决定了其表面温度的高低，表面温度又影响着其颜色究竟是高热的蓝色还是冷却的红色。然而，不同质量的恒星其终结方式也是不同的。

（一）红矮星

由于宇宙的年龄被认为是一百多亿年，而这个时间并不足以使低质量恒星核心的氢燃烧尽，所以其演化终点我们是没法看到的，而只能通过计算机模型来推断。

低质量恒星的演化终点是红矮星。恒星核心所产生的氢聚变使其不会爆发产生行星状星云，只会因燃料耗尽而形成红矮星。若是恒星质量比太阳质量的1/2还小，那么氢耗尽之后也不会在其核心产生氦聚变。红矮星在核心的聚变结束之后，其电磁波的红外线和微波波段将逐渐变暗。

（二）白矮星

中等质量的恒星的演化终点是由金刚石组成的白矮星。白矮星的直径大约几千千米，体积与地球差不多。当恒星达到红巨星阶段时，其外壳会向外膨胀，而核心向内压缩，内部的氦不断燃烧，将恒星的储备逐渐耗尽。外壳随着氦的燃烧而变得不稳定，随即强大的动能便使得外壳与恒星分离，形成行星状星云，而其核心逐渐冷却形成白矮星。白矮星也逐渐释放其能量，这样经过一百亿年，能量耗尽，白矮星也逐渐暗淡，化为黑矮星。与红矮星同样的道理，受宇宙年龄的限制，这种星体目前是不存在的。

白矮星的核心必定小于太阳质量的1.44倍。若是它的核心质量超出这个值，那就会破坏斥力和引力的平衡状态，使得恒星继续坍缩。如此下去的最终结果就是恒星外壳被抛出，超新星爆发，那也就意味着这颗恒星死亡了。

（三）中子星

大质量恒星将演化为中子星和黑洞。我们后面会专门用一章来讲黑洞，所以在这里就不加赘述，只讲讲中子星。

超新星电子被压入原子核，与质子结合，成为消除原子核互斥的电磁力的中子。当恒星只剩下一团密集的中子时，它便被称为中子星。

中子星的核心质量在太阳的质量的1.44～3.2倍之间，因为大于太阳质量的3.2倍就会演化为黑洞。它的体积还不如一个大城市，但密度相当高。它可以说是以超速在自转，最快能达到600圈/秒。当然，这都是其中残留了大部分角动量引起的。

第五章

· 黑洞 ·

1916年，德国天文学家卡尔·史瓦西发现了一种"不可思议的天体"，而美国物理学家约翰·阿奇巴德·惠勒将其命名为"黑洞"。黑洞是由质量足够大的恒星在核聚变反应的燃料耗尽而死亡后，发生引力坍缩产生的一种密度和质量极其巨大，而体积却无限小的天体。它产生的引力场极为强劲，会把周围一切物质都吸进去，以至于传播速度最快的光都无法从中逃脱，所有的物理定律对它都是无效的。

一、黑洞的产生

其实真正的黑洞概念"之父"是一个18世纪谦逊的英国牧师约翰·米歇尔，他认为一个半径只有3千米，而质量却与太阳相等的天体是不会为我们所见的，因为光无法逃离其表面。由于他的想法远远超越了当时的认知水平，所以并未受到人们的关注，直到一个多世纪后才引起了众人的注意。

与白矮星和中子星一样，黑洞也是由恒星演化而来的。当一颗恒星衰老时，它的热核反应已将中心的燃料耗尽，中心产生的能量已不足以支撑起外壳巨大的重量。核心经受不起外壳的重压，便开始坍缩，物质将势如破竹般地涌向中心点，直至成为一个体积趋于零、密度趋向无限大的"点"。它的半径收缩到一定程度时，在巨大的引力作用下，就算是光也无法向外射出，恒星与外界的一切联系也因此被切断了，黑洞便就此诞生了。

二、黑洞的特性

黑洞的大小与温度成反比，黑洞越大，温度越低。若黑洞只比太阳重几倍，那它的温度大约只比绝对零度高出亿分之一度，而更大的黑洞温度就更低。因此，宇宙大爆炸所留下的宇宙背景辐射可以将这类黑洞所发出的量子辐射完全掩盖。

黑洞与别的天体比起来，具有相当的特殊性。由于无法直接观察到它，科学家们也只能猜想其内部结构。根据广义相对论，时空会随着引力场的作用而发生弯曲。此时，光虽然仍然沿任意两点间的最短光程传播，会在经过大密度的天体时因时空的弯曲而偏离原来的方向，而这弯曲的时空也正是黑洞被隐藏得严严实实的真相。

三、关于黑洞是否存在的学说

目前，学术上存在两种观点：一种认为黑洞是真真实实存在的，尤其是剑桥研究生约瑟琳·贝尔在1967年发现天空发射出无线电波规则脉冲的物体这一事件后，大大鼓舞了相信黑洞存在的人们；另一种相反的观点则认为宇宙中根本不存在黑洞，他们认为黑洞不过是死亡恒星的残余物，是在特殊的大质量超巨星坍塌收缩时产生的。其中，霍金在其名为《黑洞的信息保存与气象预报》的论文中所指出的"由于找不到黑洞的边界，因此黑洞是不存在的"这一论点成为否定派新的有力证据。

四、人造黑洞

被称为世界规模最庞大的科学工程——欧洲大型量子对撞机，将通过高速粒子束的对撞所产生的巨大能量来模拟"大爆炸"发生后的宇宙形态。然而，欧洲和美国的反对人士则认为其会产生危险的粒子或者微型黑洞，以致将整个地球毁灭掉，于是纷纷向当地法院提起诉讼，要求叫停或推迟这个项目。

在中国东南大学实验室里诞生了世界上第一个"人造黑洞"，这一讯息刊登在2009年10月15日的《科学》杂志上。不过，这个小型"黑洞"不但对世界没有丝毫危害，反而能帮助人们更好地吸收太阳能。

第六章

·暗物质·

　　宇宙学中，将不能通过电磁波的观测而进行研究的物质，也就是无法与电磁力产生作用的物质称为暗物质。目前，人们只能通过引力产生的作用得知宇宙中存在大量的暗物质。

　　对暗物质和暗能量的研究是现代宇宙学和粒子物理学的重要课题。经过一系列的研究表明：目前我们所知的宇宙中，重子和电子大约占了4%，暗物质占了23%，一种导致宇宙加速膨胀的暗能量占了剩下的73%。

　　对于暗物质的组成成分，在经过众多观测和研究之后仍未有一个统一的定论，而一种质量大、相互作用弱的新粒子是众多可能组成暗物质的成分中最热门之选。这种粒子虽然存在于我们周围，但却从未被探测到过，因为它与普通物质的相互作用极其微弱。另一种被称为轴子的新粒子，也极有可能是暗物质的成分之一。它是被理论物理学家提出来解决强相互作用的。还有一种可能组成暗物质的成分是惰性中微子。

　　人们依据粒子的运动速率而将暗物质分为三大类，分别是冷暗物质、温暗物质和热暗物质。冷暗物质是指在经典速度下运动的物质；温暗物质是指粒子的运动速度足以产生相对论效应；热暗物质的粒子速度接近光速。随着上世纪90年代暗能量的发现，科学家们舍弃了原本是被称为复合暗物质的第四类。

　　对暗物质的探测通常有直接探测和间接探测两种方法。为了排除宇宙射线的背景噪声，通常将暗物质的直接探测实验设置于地底深处。例如，美国、加拿大、意大利、英国以及中国均有此类地下实验室探测暗物质。

第七章

·矮行星·

矮行星，又称侏儒行星，是一种围绕恒星运行的天体。它们的体积大概在行星和小行星之间，形状类似于球形，质量足够克服固体引力以达到流体静力平衡，没有清空所在轨道上的其他天体，而且不是其他行星的卫星。

谷神星是由意大利人皮亚齐于1801年1月1日发现的，它是人类发现的第一颗小行星，也是小行星带中最大最重的天体，其平均直径为为952千米。谷神星绕太阳公转一周需要4.6个地球年。

曾为九大行星之列的冥王星，在2006年布拉格举行的国际天文学协会第26次会议上，被国际天文学协会术语委员会正式划为"矮行星"。它曾被认为是离太阳最远的一颗大行星，由于平均速度只有3英里/秒，所以得花上248年的时间才能绕太阳运行一周。它与太阳的距离大约为40天文单位，表面温度大概是-230℃。体积在地球的1/6～1/5之间，质量只有地球的1/2000。

阋神星于2003年被发现，它的公转轨道是个很扁的椭圆，公转一周需要560年。它与太阳最近的距离是38个天文单位，最远时为97个天文单位。它是当前体积最大的矮行星，直径约2300～2500千米。据天文学家推测，它的大气可能由甲烷和氮组成，当它位于远日点时，大气就会结成冰；当它运动到近日点时，表面温度就会有所上升，甲烷和氮也会重新变成气态。对于其内部结构，也只能凭借猜测，或许与冥王星类似，是冰和岩石的混合物。阅神星有一颗卫星，天文学家暂时将其称为加布里埃尔。

鸟神星是由迈克尔·E.布朗领导的团队在2005年3月31日发现。它的直径大约是冥王星的3/4，没有卫星。2008年7月11日，国际天文联合会将这颗天体定为矮行星，并以复活节岛拉帕努伊族原住民神话中的人类创造者与生殖之神马奇马奇为其命名。

妊神星也是由迈克尔·E.布朗领导的团队于2005年在美国帕洛玛山天文台发现的。它状如橄榄球，质量是冥王星质量的1/3，轨道倾角很大，自转速度非常快，拥有2颗卫星。2008年9月17日，国际天文联合会将这颗天体定为矮行星，并以夏威夷生育之神哈乌美亚为其命名，是继谷神星、冥王星、阅神星和鸟神星后，太阳系第五颗被命名的矮行星。

第八章

· 神秘的UFO ·

UFO，是英文Unidentified Flying Object的缩写，中文译为不明飞行物，是指漂浮或飞行在天空中的来历和性质皆不明确的物体。

最早见诸报端的关于UFO的报道出现在19世纪70年代，1878年1月，美国得克萨斯州的农民马丁正在田间耕种时，忽然看到一个圆形的物体在空中盘桓。其实，早在我国古代便有UFO的相关记载，当时叫做星槎。

关于UFO，20世纪以前较完整的目击报告有350件以上，全世界共有目击报告约10万件。目击事件大致可分为白天目击、夜晚目击、雷达显像和近距离接触四类。至于其形状，也非是单一的一种，有的是碟状和雪茄状，也有的呈棍棒状、纺锤状或射线状。

目击UFO的事件中，最著名的要属罗斯威尔事件。事件发生于1947年7月美国新墨西哥州的罗斯威尔，在一个暴雨的夜晚，突然爆发出一声巨响。第二天，各大媒体竞相报道：一艘飞碟在此坠毁，美国空军还秘密解剖了残骸中散布的外星人的尸体。但之后发生的事却令人愕然——美国政府否认飞碟坠毁一说，解释称坠落的不明物体只是一个气象球，而所有的当事人也突然反口了。由于前后说辞不一和态度转变太快，大众仍对此事持怀疑态度。2011年最新的一份FBI解密文档显示，美国罗斯威尔事件可能真实存在。

然而，这一事件的发生，使得罗斯威尔这个小镇变成了旅游点，当地除了建造了两个不明飞行物博物馆，每年还设有不明飞行物节。

据多数目击了UFO事件的人的描述，UFO出现时的共同特征是：在空中盘旋飞行或瞬间移动，或高速运作过程中突然停止，飞行方式毫无规律可循，有时甚至能瞬间消失；绝大多数目击者拍摄到的UFO都是没有声音的，也没有尾气排放，这就是说，它是不带发动机的；通常都是很多人一起目击，也就排除了是个人幻觉的可能；当UFO出现时，附近的猫狗等动物会行为异常，朝着UFO的方向不停地叫唤，这可能是UFO的出现影响到了磁场。

目前，对UFO的解释有很多，有人说它是外星人的太空船，有人则认为它是一种自然现象，具体可归为以下几类：

（1）一些科学家认为UFO是某种还未被充分认识的自然现象。

（2）人们将某些已知物体、现象或生命物质误认为UFO。通常，行星、恒星、流星、彗星、殒星等天体，或是球状闪电、极光、海市蜃楼、流云等大气现象，甚至是飞机灯光、重返大气层的人造卫星或是军事试验飞行器等人造器械都有可能被误认为UFO。

（3）特定环境下，由于受残留在眼中的海洋、湖泊中飞机倒影的影响而产生的错觉或心理现象。

（4）外星人来地球探测所使用的交通工具。

（5）地球上存在着某些不为人知的智慧生命，UFO则是他们制造的。

一些声称是UFO的照片经过专家的鉴定，证实不过是骗局，然而，有些发现用现有的科学知识是解释不了的，也许未来先进的科学知识能解开这些谜团吧。

第九章

· 虫洞 ·

　　虫洞，也叫时空洞，是宇宙中可能存在的连接两个不同时空的狭窄隧道。首先提出"虫洞"这一概念的是奥地利物理学家路德维希·弗莱姆。1930年，爱因斯坦和纳森·罗森在研究引力场方程时认为透过"虫洞"可以完成瞬时空间转移或者时间旅行，所以"虫洞"又被称为"爱因斯坦－罗森桥"。

　　虽然爱因斯坦提出了"虫洞"这一理论，也认为它可能是连接黑洞和白洞的多维空间隧道，也就是所谓的"灰道"，但其实他本人并不认为"虫洞"是客观存在的。

　　天体物理学家埃里克·戴维斯认为，假如能使"虫洞"持续开放，那我们便可以穿梭于过去和未来，问题是"虫洞"究竟在哪里？

　　新西兰数学家罗伊·克尔在1963年提出的一项假设，对"虫洞"的存在重新获得理论支持具有重要意义。克尔认为恒星与人类一样，也有一个从诞生到衰亡的过程，若是恒星在衰亡前仍能旋转，那就会形成一个"动态黑洞"——就像我们在电影里看到的那种。当我们沿着旋转轴心进入这个动态黑洞后，若是突破了中心的重力场极限，就会进入所谓的"镜像宇宙"。由宇宙到"镜像宇宙"，这实质就是一个"时空穿越"的过程。

　　由于在暗物质研究上取得的突破，科学家们提出了"银河系虫洞说"。从的里雅斯特国际高等研究院课题组在2013年绘制的极其详细的银河系暗物质分布图与最新研究得出的宇宙大爆炸模型相结合的结果来看，银河系中的确具备"虫洞"存在的条件，整个银河系其实就是个巨大的"虫洞"也是有可能的。

其实，科学家们对"虫洞"的研究始于19世纪50年代，由于受当时研究条件的限制，一些物理学家的认识只能是——"虫洞"也许可以用于理论，但用在宇宙航行上是无法实现的，毕竟其超强的力场能将一切进入其中的东西都毁灭。

随着科学技术的发展，新的研究表明，反物质所产生的"负能量"能吸去周围所有的能量，从而中和"虫洞"的超强力场，使"虫洞"的能量场保持稳定。

科学家们猜测宇宙中分布着数以百万计的"虫洞"，但直径超过10万千米的却是少之又少，而太空飞船必须要在这个宽度以上才能安全航行。但是，"负能量"可以扩大和稳定细小的"虫洞"，使太空飞船顺利通过，为利用"虫洞"带来了新的希望。